U0241968

高等学校专业教材

机械工程实验教程

黄方平　华顺明　主　编
高　德　主　审

中国轻工业出版社

图书在版编目（CIP）数据

机械工程实验教程/黄方平，华顺明主编. —北京：
中国轻工业出版社，2023.8

"十二五"普通高等教育规划教材

ISBN 978-7-5019-9628-5

Ⅰ.①机…　Ⅱ.①黄…②华…　Ⅲ.①机械工程－实
验－高等学校－教材　Ⅳ.①TH－33

中国版本图书馆 CIP 数据核字（2013）第 317926 号

内 容 简 介

《机械工程实验教程》是为适应高层次应用创新人才培养的需要，按照教育部高等教育教学改革工程的要求，在教学改革和实践的基础上撰写而成的。

书中系统地介绍了机械工程的基本实验技术，每一章节均对实验目的、实验原理和实验方法做了比较系统的论述，对实验中常用仪器的原理、构造、操作规程做了较详细的介绍。内容包括机械工程学科基础课程实验、主要专业基础课程实验，增加了创新设计性实验和综合性实验内容，形成了较为完整的实验教学体系。

《机械工程实验教程》可作为高等工科院校机械类、近机类及非机类各专业的实验综合教材，也可供成人高等工科院校师生及有关工程技术人员参考。

责任编辑：杜宇芳

策划编辑：杜宇芳　　责任终审：孟寿萱　　封面设计：锋尚设计

版式设计：王超男　　责任校对：吴大朋　　责任监印：张　可

出版发行：中国轻工业出版社（北京东长安街 6 号，邮编：100740）

印　　刷：北京君升印刷有限公司

经　　销：各地新华书店

版　　次：2023 年 8 月第 1 版第 5 次印刷

开　　本：787×1092　1/16　印张：10.5

字　　数：239 千字

书　　号：ISBN 978-7-5019-9628-5　定价：34.00 元

邮购电话：010-65241695

发行电话：010-85119835　传真：85113293

网　　址：http://www.chlip.com.cn

Email：club@chlip.com.cn

如发现图书残缺请与我社邮购联系调换

231122J1C105ZBW

前　　言

"机械工程实验教程"着重培养学生的基本机电系统实验技能和创新设计能力，是高等工科教学中不可缺少的实践性教学环节。为了培养适应我国机电装备制造业的高级工程技术人才，机械基础实验课程必须不断深化改革，随着浙江大学宁波理工学院实践教学体系和机电与能源省级实验教学示范中心建设，以培养学生"工程思想、创新思维、实践能力"为主线，对机械工程实验课程进行了改革，将原机械设计制造及其自动化专业和机械电子工程专业中的学科基础课程和专业基础课程中的实验项目进行整合，在总结改革实践经验的基础上，编写了本书。

"机械工程实验教程"以培养学生创新能力和综合设计能力为目标，以机械工程实验自身教学规律为主线，合理构建实验教学体系。在教学组织上，加大实践教学的改革力度，增加实验教学的学时，培养学生的动手能力，构建独立的机械工程实验教学体系，单独设立机械工程综合实验系列课程，分布在第 3～6 学期机械工程综合实验及机械工程综合创新设计与实践等课程组成，单独计算学生实验课成绩，培养学生综合创新能力。

本书结合浙江大学宁波理工学院实验教学的具体条件，构建了机械工程的实验课程体系，并与"工程材料"、"机械原理"、"机械设计""互换性与技术测量"等学科大类课程以及"机械制造技术基础"、"液压与气压传动"、机电控制测试类课程等机械专业的主干课程衔接。在实验项目的开发和配置方面，改革原有的验证性实验项目，开发先进的设计性、综合性实验项目，实现实验内容由单一型向综合型转变；在实验方法上实现由演示型、验证型向参与型、设计型转变。

本书由黄方平、华顺明主编，参加编写工作的人员有童森林、楼应侯、李继强、王晓军、张美琴、王贤成、林�、张钊、王向垟。本书由高德教授主审。

作者

2014. 1

目　录

第一章 绪 论

为了培养适应我国机电装备制造业的高级工程技术人才，随着浙江大学宁波理工学院实践教学体系和机电与能源省级实验教学示范中心的建设，以培养学生"工程思想、创新思维、实践能力"为主线，我们对机械工程实验课程进行了内容重组和改革。

一、学生实践创新能力培养的重要性

对于工程创新性人才培养，工程实践能力无疑是基础。学生的工程创新能力，应该是创新思维能力和创新实践能力的总和。浙江大学宁波理工学院从 2008 年开始进行实践教学体系的建设与改革，将工程创新所需实践能力当做人才培养的关键之一，在教学各相关环节进一步强化实践，保证学生在理论知识面广度和深度上的获得与工程创新能力的提高，在工程实践中达到协调发展。

机械工程实验在机械类专业培养中有十分重要的地位，课程的任务不仅培养学生系统地掌握机械工程领域的实验原理、方法手段和实验技能，包括机电系统功能和结构表达与综合分析，一般运动参数、动力学参数以及机械性能参数测试，而且培养学生具备独立进行工程实验研究的能力，包括实验方案设计、仪器设备选用和系统搭接，实验过程操作，实验数据分析处理以及实验创新等。

二、机械工程实验教学内容体系及特点

本实验教程既包括机械原理、机械设计、工程材料及热处理、互换性与技术测量、机械制造技术基础等学科大类课程实验，同时也覆盖了液压与气压传动、机械工程测试技术、控制工程基础、机电传动控制、单片机基础等专业基础课程实验。对于机械类专业学生而言，这些课程是培养学生专业能力的主干课程，并且很多高校已将实验从传统的依附于理论课而变革为独立设课。实验课时大大增加，实验目标和要求进一步提升，实验方法和手段也进一步更新。

通过分层次的教学构建多层次的实验教学体系，针对机械类专业学生工程教育的特点，建立从认知性和验证性实验，到设计性和综合性实验，再到创新性和研究性实验的教学体系，培养学生的工程思想、创新思维、实践能力。

对于具体实验项目选编，结合浙江大学宁波理工学院机械类专业实践教学体系和省级实验教学示范中心的建设，同时参考相关高校的实验教学实际情况，设立了机械工程综合实验 I～Ⅳ四门综合实验课程对应专业主干课程，分别在第 3 学期至第 6 学期开设，同时设立专业综合创新设计与实践课程。本教材精选了共 61 个相对独立的实验项目，包括基础性实验、设计综合性实验和创新研究性等类型实验。

第二章 机械原理实验

第一节 机械原理展示实验

一、实 验 目 的

了解常见机构的类型、特点、用途、基本原理以及运动特性，对"机械原理"课程有一个全面的感性认识，培养对本课程的学习兴趣。

二、实 验 设 备

本实验设备为 VCD 机控制的机械原理陈列柜。它由 10 个机构陈列柜组成，主要展示常见的各类机构，介绍机构的形式和用途，演示机构的基本原理和运动特性。

三、实 验 内 容

（1）序言。介绍蒸汽机和家用缝纫机等典型机器及各种运动副。

（2）平面连杆机构。

（3）机构运动简图及平面连杆机构的应用。

（4）凸轮机构。包括盘形凸轮、移动凸轮及空间凸轮。

（5）齿轮机构。平行轴齿轮传动、相交轴齿轮传动及相错轴齿轮传动。

（6）渐开线齿轮的基本参数及渐开线、摆线的形成。

（7）周转轮系。

（8）间歇运动机构。棘轮机构、槽轮机构、齿轮式间歇机构及连杆停歇机构。

（9）组合机构。串联组合、并联组合及叠合组合。

（10）空间机构。空间四杆机构、空间连杆机构、空间五杆机构及空间六杆机构。

第二节 机构运动简图的测绘与分析

一、实 验 目 的

（1）通过实物测绘，学会测绘实际机器和模型的机构运动简图的方法；理解构件、运动副的概念。

（2）分析和验证机构自由度，进一步理解机构自由度的概念，掌握机构自由度的计算方法，并进一步理解复合铰链、虚约束及局部自由度的概念。

（3）验证机构具有确定运动的条件。

（4）分析一些四杆机构的演化过程，验证其曲柄存在的条件。

二、实验设备和工具

（1）运动机构模型。

（2）直尺、三角尺、橡皮、草稿纸（自备）。

三、实验原理和方法

1．原理

由于机构的运动仅与机构中构件的数目和构件所组成的运动副的数目、类型、相对位置有关，因此，在绘制机构运动简图的时候，可以撇开构件的形状和运动副的具体构造，而用一些简略的符号（表 2 - 1 为常用符号示例）来代表构件和运动副，并按一定的比例表示各运动副的相对位置，以此来说明机构的运动特性。

表 2 - 1　　　　　　　　　　　　　　　常用符号示例

名 称		符　号
低副	转动副	
	移动副	
	螺旋副	
高副	凸轮副	
	齿轮副	
构件	活动构件	
	机架	

机构运动简图应与原机构具有完全相同的运动特性。

2. 测绘方法

（1）测绘时使被测绘的机器或模型缓慢的运动，从原动构件开始仔细观察机构的运动，分清各个运动单元，从而确定做成机构的构件数目。

（2）根据相连接的两构件间的接触情况及相对运动的性质，确定各个运动副的种类。

（3）在草稿纸上徒手按规定的符号机构间的连接次序，从原动件开始，逐步画出机构运动简图的草图。用数字 1、2、3、…分别标注构件，用字母 A、B、C、…分别标注各运动副。

（4）仔细测量机构的运动尺寸（如回转副的中心距和移动副导路间的夹角等）。注意选定原动构件的位置，并按一定的比例将草稿画成正式的运动简图。

$$比例尺\ \mu = \frac{实际长度（m）}{图上长度（mm）} \tag{2-1}$$

四、实验步骤和要求

1. 至少按比例绘制出三种机器或机构的运动简图，其余的可通过目测画出与实物大致成比例的机构示意图。

2. 计算机构自由度，与实际自由度对照，看结果是否相符。

3. 对机构进行分析（高副低代、分离杆组、确定杆组和机构级别等）。

五、思 考 题

1. 一个正确的"机构运动简图"应能说明哪些内容？

2. 绘制机构运动简图时，原动件的位置为什么可以任意选定？会不会影响简图的正确性？

3. 机构自由度的计算对测绘机构运动简图有何帮助？

第三节　渐开线齿轮几何参数测定

一、实 验 目 的

1. 掌握应用游标卡尺测定渐开线直齿圆柱齿轮基本参数的方法。

2. 通过测量和计算，熟练掌握有关齿轮各几何参数之间的相互关系和渐开线性质的知识。

二、实验设备和工具

1. 齿轮一对（齿数为奇数和偶数各一个）。

2. 游标卡尺（游标读数值不大于 0.05mm）。

3. 渐开线函数表。

4. 计算工具。

三、原理和方法

单个渐开线直齿圆柱齿轮的基本参数有：齿数 z、模数 m、齿顶高系数 h_a^*、分度圆压力角 α、变位系数 x；一对渐开线直齿圆柱齿轮啮合的基本参数有：啮合角 α'、顶隙系数 c^*、中心距 a。

本实验是用游标卡尺来测量轮齿，并通过计算得出一对直齿圆柱齿轮的基本参数。其原理和方法如下：

1. 确定齿轮的模数 m 和压力角 α

标准直齿圆柱齿轮公法线长度的计算如下：
如图 2-1 所示，若卡尺跨 n 个齿，其公法线长度为

$$l_n = (n-1)p_b + s_b$$

同理，若卡尺跨 $n+1$ 个齿，其公法线长度则应为

$$l_{n+1} = np_b + s_b$$

所以

$$l_{n+1} - l_n = p_b \qquad (2-2)$$

又因

$$p_b = p\cos\alpha = \pi m \cos\alpha$$

所以

$$m = \frac{p_b}{\pi\cos\alpha} \qquad (2-3)$$

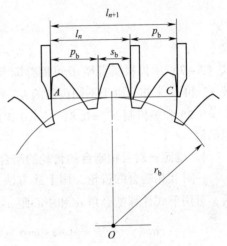

图 2-1　公法线长度测量

式中 p_b 为齿轮基圆周节，它由测量得到的公法线长 l_n 和 l_{n+1} 代入式（2-2）求得。α 可能是 15°也可能是 20°，故分别用 15°和 20°代入式（2-3）算出两个模数，取其模数最接近标准值的一组 m 和 α，即为所求齿轮的模数和压力角。

为了使卡尺的两个卡脚能保证与齿廓的渐开线部分相切，所需的跨齿数 n 按下式计算

$$n = \frac{\alpha}{180}z + 0.5 \qquad (2-4)$$

或直接由表 2-2 查出。

表 2-2　　　　　　　　　　　　　　所需的跨齿数 n

z	12~18	19~27	28~36	37~45	46~54	55~63	64~72
n	1	2	3	4	5	6	7

2. 确定齿轮的变位系数 x

根据基圆的齿厚公式

$$s_b = s\cos\alpha + 2r_b\mathrm{inv}\alpha = m\left(\frac{\pi}{2} + 2x\tan\alpha\right)\cos\alpha + 2r_b\mathrm{inv}\alpha$$

得

5

$$x = \frac{\dfrac{s_b}{m\cos\alpha} - \dfrac{\pi}{2} - z\mathrm{inv}\alpha}{2\tan\alpha} \qquad (2-5)$$

式中 s_b 可由以上公法线长度公式求得，即：

$$s_b = l_{n+1} - np_b \qquad (2-6)$$

将式（2-6）代入式（2-5）即可求出变位系数 x。

3. 确定齿轮的齿顶高系数 h_a^* 和顶隙系数 c^*

根据齿轮齿根高的计算公式

$$h_f = \frac{mz - d_f}{2} \qquad (2-7)$$

又

$$h_f = m(h_a^* + c^* - x) \qquad (2-8)$$

式（2-7）中齿根圆直径 d_f 可用游标卡尺测定，因此可求出齿根高 h_f。在式（2-8）中仅 h_a^* 和 c^* 未知，由于不同齿制的 h_a^* 和 c^* 均为已知标准值，故分别用正常齿制 $h_a^* = 1$，$c^* = 0.25$ 和短齿制 $h_a^* = 0.8$，$c^* = 0.3$ 两组标准值代入，符合式（2-7）的一组即为所求的值。

4. 确定一对互相啮合的齿轮的啮合角 α' 和中心距 a

一对互相啮合的齿轮，用上述方法分别确定其模数 m、压力角 α 和变位系数 x_1、x_2 后，可用下式计算啮合角 α' 和中心距 a：

$$\mathrm{inv}\alpha' = \frac{2(x_1 + x_2)}{z_1 + z_2}\tan\alpha + \mathrm{inv}\alpha \qquad (2-9)$$

$$a = \frac{m}{2}(z_1 + z_2)\frac{\cos\alpha}{\cos\alpha'} \qquad (2-10)$$

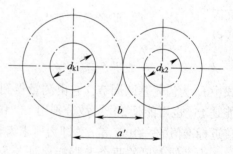

实验时，可用游标卡尺直接测定这对齿轮的中心距 a'，测定方法如图 2-2 所示。首先使该对齿轮做无齿侧间隙啮合，然后分别测量齿轮的孔径 d_{k1}、d_{k2} 及尺寸 b，由此得

$$a' = b + \frac{1}{2}(d_{k1} + d_{k2}) \qquad (2-11)$$

图 2-2 中心距测量

四、步骤和要求

1. 直接数齿轮的齿数 z。

2. 由式（2-4）计算或查表得测量时卡尺的跨齿数 n。

3. 测量公法线长度 l_n 和 l_{n+1} 及齿根圆直径 d_f、中心距 a'，读数精确到 0.01mm。注意每个尺寸应测量三次，记入实验报告附表，取其平均值作为测量结果。

4. 逐个计算齿轮的参数，记入实验报告附表。最后将计算的中心距与实测的中心距进行比较。

五、思 考 题

1. 通过两个齿轮的参数测定，试判别该对齿轮能否互相啮合。如能，则进一步判别它们的传动类型是什么。

2. 在测量齿根圆直径 d_f 时，对齿数为奇数和偶数的齿轮在测量方法上有什么不同？

3．测量齿轮公法线长度是根据渐开线的什么性质？

第四节　渐开线直齿圆柱齿轮范成实验

一、实 验 目 的

1．掌握用范成法制造渐开线齿轮齿廓的基本原理。
2．了解渐开线齿轮产生根切现象的原因及其避免方法。
3．分析比较标准和变位齿轮的异同点。

二、实验仪器和工具

1．齿轮范成仪。
2．圆规、三角尺、绘图纸（A3）、两支不同颜色的铅笔或圆珠笔。
3．剪刀。

三、实验原理和方法

范成法是利用一对齿轮互相啮合时其共轭齿廓互为包络线的原理来加工齿轮的一种方法。

加工时，其中一齿轮为刀具，另一齿轮为轮坯，两者保持固定的角速度比对滚，和一对真正的齿轮互相啮合传动一样。同时刀具还沿轮坯的轴向作切削运动，最后轮坯上被加工出来的齿廓就是刀具刀刃在各个位置上的曲线簇的包络线。为看清楚齿廓形成的过程，可以用图纸作轮坯。在不考虑切削和让刀运动的情况下，刀具与轮坯对滚时，刀刃在图纸上所印出来的各个位置的包络线，就是被加工齿轮的齿廓曲线。

由于齿条可以看作一个齿数为无穷多的齿轮的一部分，所以本实验用的范成仪是以齿轮与齿条啮合设计的，如图 2 - 3 所示。可以用它来验证齿廓范成原理及了解刀具加工齿轮的关系。它的结构可以看成由齿坯与刀具两部分组成。

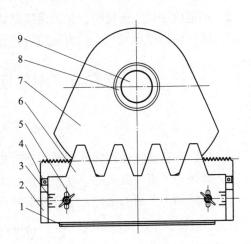

图 2 - 3　测量装置
1—机座　2—托板　3—滑架　4—标尺　5—蝶形螺母
6—齿条刀　7—底盘　8—压板　9—螺母

四、实验步骤和要求

1．根据已知的刀具参数和被加工齿轮分度圆直径，计算被加工齿轮的基圆、不发生根切的最小变位系数与最小变位量、标准齿轮的齿顶圆与齿根圆直径以及变位齿轮的齿顶圆与齿根圆直径。然后根据计算数据将上述 6 个圆画在同一张纸上，并沿最大圆的圆周剪成圆形纸片，作为本实验的"轮坯"。

2. 拧开零件 9 螺母，把"轮坯"安装到范成仪的 7 底盘上（注意对准中心），并用 8 压板压住后拧上 9。

3. 调节 6 齿条刀的分度线，使其与被加工齿轮的分度圆相切。刀具处于切制标准齿轮的安装位置上。

4. "切制"齿廓时，先移动 2 托板把刀具移向一端，使刀具的齿廓退出齿坯中标准齿轮的齿顶圆；然后每当刀具向另一端移动 2~3mm（参照 4 标尺）距离时，描下刀刃在图纸轮坯上的位置，直到形成 4~5 个完整的轮齿齿廓曲线为止。此时应注意轮坯上齿廓的形成过程。

5. 观察根切现象（用标准渐开线齿廓检验所绘得的渐开线齿廓或观察刀具的齿顶线是否超过被加工齿轮的极限点）。

6. 拧开 5 蝶形螺母重新调整刀具，使刀具分度线远离轮坯中心，移动距离为避免根切的最小变位量，再"切制"齿廓。此时也就是刀具齿顶线与变位齿轮的根圆相切。按照上述的操作过程，同样可以"切制"得到 4~5 个完整的正变位齿轮的齿廓线。为便于比较，此轮廓线可用另一种颜色的笔画出。

五、思 考 题

1. 齿条刀具的齿顶高和齿根高为什么都等于 $(h_a^* + c^*)m$？
2. 用范成法加工齿轮时，轮廓曲线是如何形成的？
3. 试比较标准齿轮与变位齿轮的齿形有什么不同，并分析其原因。

第五节　刚体回转体动平衡实验

一、实 验 目 的

1. 巩固和验证刚性回转件动平衡理论和方法。
2. 掌握动平衡实验机的原理和操作方法。
3. 了解动不平衡的危害，学会并掌握其解决方法。

二、实验仪器和工具

1. YYQ–5D 硬支承平衡机。
2. 在校正平面上具有校正孔的转子。
3. 平衡质量（与校正孔相应的螺钉、螺母及橡皮泥）。
4. 尺子。

三、实 验 原 理

刚性转子的平衡原理是基于理论力学中的力系平衡理论。

由理论力学的知识可以知道，一个力可以分解为与其相平行的两个分力，所以质量分布不在同一回转面内的回转构件，其不平衡量都可以认为是在两个任选回转面内、

由矢量半径分别为 r_1 和 r_2 的两个不平衡质量 m_L 和 m_R 产生。因此，只需对 m_L 和 m_R 进行平衡就可达到动平衡的目的。本实验就是使用通用电测回转体动平衡机，测定所选平衡校正面内相应的不平衡重径积 $m_L r_1$ 和 $m_R r_2$ 的大小和相位并加以校正，最后达到动平衡。

硬支承平衡机是目前被广泛采用的校验各种旋转体动不平衡的先进设备，具有效率高、操作方便、电测单元可直接显示不平衡的质量大小和相位等优点。YYQ-5D硬支承平衡机采用压电传感器作为机电换能器，其工作原理如下：

动平衡机由平衡台、支承架、传动系统、压电传感器、光电架、电测箱等组成。由传动系统上单向电容运转电机经双塔轮，用"O"形带拖动"弓"形传动装置，带动工件转动。由于工件不平衡产生的离心力，迫使支承架周期性振动，使安装在支承架中间的压电传感器受力产生电位差，变成一个周期电信号输入电测箱。另一方面由光电头发出与工件转速同频率的一组基准电压输入电测箱，作为相位参考基准和测速电信号。两信号相比较得出不平衡量在两个选定平面上所在的相位及大小。于是，只要我们在这两个位置上分别加上或除去一个适当的平衡质量，即可达到平衡。

四、实验步骤和要求

1. 装夹转子。

如图 2-4 所示：

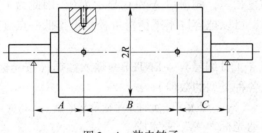

图 2-4 装夹转子

2. 动平衡机的启动

接通电源后，测试系统进行自检及系统调零，自动进入测量状态。

3. 转子数据设置

（1）MCB-960 电测箱的窗口简介

MCB-960 电测箱是以微处理器为核心的电测系统，它以数字形式在 6 个显示窗口显示测量结果，转子数据的设置或某种工作状态。6 个显示窗口分别以 A、B、C、D、E、F 来表示。如图 2-5 所示。

显示窗左侧的图标或小字母表示显示窗的功能，其中：

↻ 表示显示不平衡幅值（见 A、C 窗口）；

↻ 表示显示转速（见窗口 B）；

↗ 表示显示不平衡相位（见窗口 D、F）。

显示窗的右侧表示相应的单位，如：mg、kg、mm。

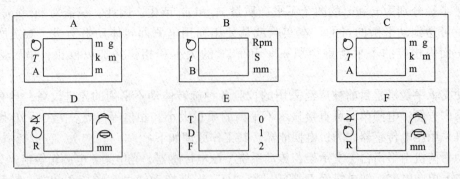

图 2 - 5　MCB - 960 电测箱窗口

显示窗左侧的 A、B、C、R（D 窗口表示 r_1）、R（F 窗口表示 r_2）为各种支承形式的转子参数，需要设置并储存起来备用。

窗口 D、F 的图标 ⌒ 表示加重方式，⌒ 表示去重方式。

窗口 B 的字符 t 表示测量时间，s 表示单位为秒。

窗口 E 的 T 定义为不平衡量容许比

$$T = \frac{实际不平衡量的重径积}{容许不平衡量的重径积}$$

窗口 A、C 的 T 为设定的容许不平衡量的重径积，单位为 mg·mm。

这两个量要在转子参数设置时进行设置，并储存。当实测转子不平衡量的重径积小于设定的容许不平衡量的重径积，侧窗口 A 和 C 显示为 0。因此为了要进一步了解平衡的情况，在设置转子参数时，可以把容许不平衡量重径积设得低一点（一般为 1/3 ~ 1/2）。

（2）设置

按设置→输入序号（工件编号）→ENTER→输入数据（按光标 "←"、"↑↓"、"↓" 来选择不同的窗口输入各种类型的数值）

重径积 = 允许不平衡量 × 半径

加重、去重通过移动光标 "±" 来完成

HE - "×" 代表支承方式 ""（1、2、3、4、5、6）

4. 测量

（1）启动电机，待各个显示窗口数据稳定时，读出显示窗口 A、C 显示的不平衡量及显示窗口 D、F 所显示的相位，按测量键（M），停车，在实验数据记录及实验报告中记录数据。

（2）按照显示窗口 D、F 所显示的相位在相应位置上加重或减重，重量为显示窗口 A、C 显示的不平衡量。

（3）开车，待各个显示窗口数据稳定时，显示窗口 A、C、D、F 所显示的数值为 0，停车。

5. 验证

（1）在转子上拧上螺钉及螺母（重量约为 1g，一共有 8 个螺纹孔，任意一个即可），比如在左边相位为 270 的地方。

（2）开车，待各个显示窗口数据稳定时，这时显示窗口 A 所显示的数值为 1g，显示窗口 D 所显示的数值为 270。

五、思考题及实验结果分析

1. 刚性转子在什么条件下需要进行动平衡实验？其目的是什么？
2. 为什么要取两个校正平面才能进行动平衡？
3. 记录并处理实验数据。

第三章 机械设计实验

第一节 带传动的滑动及效率测定实验

一、实 验 目 的

1. 观察带传动的弹性滑动和打滑现象。
2. 了解带的初拉力、带速等参数的改变对带传动能力的影响，测绘出弹性滑动曲线。
3. 掌握转速、扭矩、转速差及带传动效率的测量方法。

二、实验设备及仪器

实验台结构如图 3-1 所示。传动带装在主动带轮 5 和从动带轮 9 上，直流电动机和直流发电机的转子均由一对滚动轴承支承；电机定子可绕轴线摆动，在定子上装有测力杠杆 2 和 10，杠杆 2、10 分别压在测力计 3 和 11 上，当电动机和发电机工作时，便能容易地测量出电动机和发电机的工作转矩。直流电动机安装在滑动支架上，在砝码重力的作用下，使电机向左移动，传动带被张紧，在带中产生预拉力 F_0，改变砝码重量即可改变预拉力 F_0。用可控硅调速装置对电动机进行无级调速，采用直流发电机和一组灯泡作为负载。

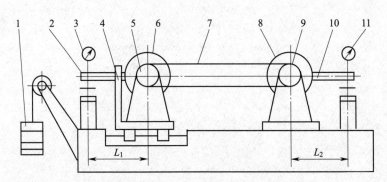

图 3-1 实验台结构图

1—砝码 2、10—杠杆 3、11—测力计 4—支架 5—主动带轮
6—直流电动机 7—传动带 8—直流发电机 9—从动带轮

整流、启动、调速、加载以及控制系统等电气部分，都装在机身内。皮带试验机还配有双路数显转速计和转矩测试装置，进行相应的转速和转矩测量。

三、实验基本原理

1. 调速和加载

电机的直流电源由可控硅整流装置供给，转动电位器可改变可控硅控制角，提供给电动机电枢不同的端电压，以实现无级调速电机转速。

加载是通过改变发电机激磁电压实现的。逐个按动灯泡负载电阻开关，使发电机激磁电压加大，电枢电流增大，随之电磁转矩增大。由于电动机与发电机产生相反的电磁转矩，发电机的电磁转矩对电动机而言，即为负载转矩。所以改变发电机的激磁电压，也就实现了负载的改变。

2. 转速的测量

对主、从动带轮轴回转转速的测量，由光电传感器和双路数字转速计完成。其测量原理框图如图 3－2 所示。

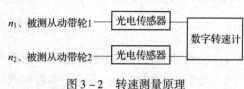

图 3－2　转速测量原理

3. 转矩的测量

转动力矩分别通过固定在定子外壳上的杠杆 2 和 10 受到转子力矩的反方向力矩测得，该转矩与测力计的支反力产生的转矩相平衡，使定子处于平衡状态，所以得到以下结论：

主动轮上的转矩

$$T_1 = K_1 \Delta_1 L_1 \tag{3－1}$$

从动轮上的转矩

$$T_2 = K_2 \Delta_2 L_2 \tag{3－2}$$

式中，K_1，K_2——测力计的标定值，N/格

　　Δ_1，Δ_2——百分表上变化格数

　　L_1，L_2——测力杠杆力臂长度，m

4. 带传动的圆周力、弹性滑动系数和效率

带传动的圆周力公式

$$F = \frac{2T_1}{D_1} \text{（kg）} = \frac{2T_1 \times 9.8}{D_1} \text{（N）} \tag{3－3}$$

带传动的弹性滑动系数

$$\varepsilon = \frac{n_1 - n_2}{n_1} \times 100\% \tag{3－4}$$

带传动的效率

$$\eta = \frac{P_2}{P_1} = \frac{T_2 n_2}{T_1 n_1} \times 100\% \tag{3－5}$$

式中，P_1，P_2——分别为主、从动轮功率，kW

　　n_1，n_2——分别为主、从动轮转速，r/min

随着负载的改变（F 的改变），T_1，T_2，$\Delta n = n_1 - n_2$ 的值也相应改变，这样可获得一组 ε 和 η 值，然后可绘出滑动曲线和效率曲线。

四、实验方法及步骤

1. 开关接通前，检查调速旋钮是否处在"零"位置。

2. 加上砝码，使带加上预紧张力。

3. 把测力杠杆压在测力计上，把百分表指针调"零"。

4. 接通电源，平稳调节调速旋钮，使转速达到某一定值。测出 n_1 和 n_2，并读百分表读数 Δ_1 和 Δ_2，记录在实验报告中。

5. 把负载箱接在发电机的输出端。通过开关改变接入发电机输出电路中灯泡的数目，

即可改变负载，每增加一次负载，调节调速旋钮使主动轮转速保持为一定值。测出 n_1 和 n_2，并记录百分表 Δ_1 和 Δ_2，直到发生打滑为止。

6. 开启计算机，运行程序，输入所测数据，画出实验数据曲线，并讨论实验曲线的变化规律，分析其中的原理。

五、思考题及实验结果分析

1. 带传动的弹性滑动和打滑是如何产生的？
2. 分析带的初拉力、带速等参数的改变对带传动能力的影响，测绘出弹性滑动曲线。

第二节　封闭功率流式齿轮传动效率的测定

一、实　验　目　的

1. 了解封闭功率流式齿轮试验台的基本原理、特点及测定齿轮传动效率的方法。
2. 测定齿轮传动的效率和功率方法。

二、实验设备与仪器

1. 封闭式功率流式齿轮试验台。
2. B 型试验台（CLS－Ⅱ型齿轮试验台）。

三、实验基本原理

1. A 型试验台

（1）封闭式齿轮试验台的加载原理

封闭式功率流式齿轮试验台的结构如图 3－3 所示。动力电机 1 的转动通过联轴器 2 传到刚性轴 5，刚性轴 5 上固连着齿数和模数均相同的齿轮 3 和 3′。齿轮 3 和 3′分别带动齿轮 4 和 4′。齿轮 4 和加载用的蜗轮固联，并固定套在套筒轴 8 上，在套筒轴 8 内置有弹性轴 6，在弹性轴 6 上左端固联齿轮 4′，右端固联加载用的特殊联轴器 9。在加载器上用杠杆加载得到封闭力矩。驱动电机设计成摇摆式，用测力装置和百分表测量电机的输出扭矩。

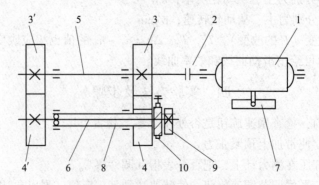

图 3－3　齿轮试验台的结构示意图

1—电动机　2—联轴器　3，3′，4，4′—齿轮　5—刚性轴　6—弹性轴
7—摇摆装置　8—套筒轴　9—特殊联轴器　10—加载器

设齿轮齿数 $z_3 = z_3'$，$z_4 = z_4'$，齿轮 4 的转速为 n_4（r/min），扭矩为 T_4（N·m），则齿轮 4′ 的转速为 n_4'(r/min)，扭矩为 T_4'(N·m)，则齿轮 4′ 处的功率为

$$P_4' = \frac{T_4' n_4'}{9550} \quad (\text{kW}) \tag{3-6}$$

如果齿轮 4 和 4′ 的轴不作封闭联接，则电机输出功率为

$$P_0 = \frac{P_4'}{\eta} = \frac{T_4' n_4'}{9550 \eta} \quad (\text{kW}) \tag{3-7}$$

式中，η——传动系统效率

当封闭加载时，在 T_4' 不变的情况下，齿轮 3，3′，4，4′ 形成封闭系统，其封闭功率为

$$P_4 = \frac{T_4 n_4}{9550} = P_4' \quad (\text{kW}) \tag{3-8}$$

该功率不需全部由电机提供，此时电机功率仅为

$$P_0' = \frac{P_4}{\eta} - P_4 \quad (\text{kW}) \tag{3-9}$$

由此可见，$P_0' < P_0$，若 η 为 95%，则封闭加载的功率消耗仅为开式加载功率的 1/20。

（2）效率计算

要计算效率，应先判断被测齿轮 3 处于主动还是被动。在齿轮传动中，主动轮的转向与轮齿所受的圆周力引起的力矩方向相反，而从动轮的转向与该轮上所受的圆周力产生的力矩方向相同。由图 3-3 可知，齿轮 3 为主动轮，齿轮 3 的转向与所受力矩方向相反。

设齿轮 3、4 间的传动效率为 $\eta_{3,4}$，齿轮 3′ 和 4′ 间的传动效率为 $\eta_{3',4'}$，效率 $\eta_{3,4}$ 和 $\eta_{3',4'}$ 中均包含支承的轴承效率，以便于计算。则电机的功率为

$$P_0' = \frac{P_4}{\eta_{3,4} \eta_{3',4'}} - P_4 \tag{3-10}$$

式中，P_4——封闭功率

则电机的输出力矩

$$T_0 = \frac{T_4}{\eta_{3,4} \eta_{3',4'}} - T_4 \tag{3-11}$$

式中，T_4——封闭力矩

当 $\eta_{3,4}$ 与 $\eta_{3',4'}$ 相同时，则平均效率为

$$\eta = \sqrt{\frac{T_4}{T_1 + T_4}} \tag{3-12}$$

若齿轮 3 的转向与轮齿所受圆周力产生的力矩方向相同，则齿轮 3 即为被动轮，而齿轮 3′ 和 4 成为主动轮。功率流的方向为齿轮 3′→4′→4→3。此时功率流功率 P_4 大于传出的功率，则电机供给的功率为

$$P_0 = P_4 - P_4 \eta_{3,4} \eta_{3',4'} = P_4 (1 - \eta^2) \tag{3-13}$$

$$T_1 = T_4 (1 - \eta^2) \tag{3-14}$$

即平均效率为

$$\eta = \sqrt{\frac{T_4 - T_1}{T_4}} \tag{3-15}$$

（3）加载和测力

用加载杠杆在加载器上施加封闭扭矩后（图 3 - 4），转动加载器 10 中的螺杆，将 α 角调至 0°，即使加载杠杆呈水平状态，此时所加封闭扭矩为

$$T_4 = GL + T_c \tag{3-16}$$

封闭功率为

$$P_4 = \frac{T_4 n_4}{9550} \tag{3-17}$$

式中，L——加载杠杆臂长，$L = 0.5\,\mathrm{m}$

$\quad G$——加载砝码产生的重力，N

$\quad T_c$——由加载杠杆及砝码架自重产生的扭矩

$\quad n_4$——齿轮 4 的转速，r/min

电动机的输出扭矩 T_1，由图 3 - 5 测力装置得到

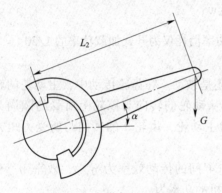

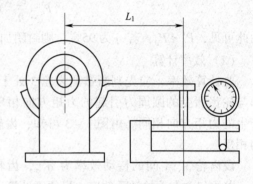

图 3 - 4　加载杠杆示意图　　　　　　图 3 - 5　平衡电机测力装置

$$T_1 = K \Delta L_1 \quad (\mathrm{N \cdot m}) \tag{3-18}$$

式中，K——测量装置中测力器的刚度系数，N/格

$\quad \Delta$——百分表读数，1 格 $= 0.01\,\mathrm{mm}$

$\quad L_1$——与电机固连的杠杆力臂长，$L_1 = 0.1\,\mathrm{m}$

电机的输出功率为

$$P_0 = \frac{T_1 n_1}{9550} \quad (\mathrm{kW}) \tag{3-19}$$

则试验齿轮的效率为

$$\eta_g = \sqrt{\eta} = \sqrt{\frac{P_4}{P_4 + P_1}} = \sqrt{\frac{T_4}{T_4 + T_1}} \tag{3-20}$$

2. B 型试验台（CLS - Ⅱ型齿轮试验台）

CLS - Ⅱ型试验台为小型台式封闭功率流式齿轮试验台，采用悬挂式齿轮箱不停机加载方式，加载方便、操作简单安全，耗能少。在数据处理方面，既可直接用抄录数据手工计算方法，也可以和计算机接口组成具有数据采集处理、结果曲线显示、信息储存、打印输出等多种功能的自动化处理系统。该系统具有重量轻、机电一体化相结合等特点。

本试验台可进行齿轮传动效率试验和小模数齿轮的承载能力试验。通过试验，使学生能了解封闭功率流式齿轮试验台的基本原理特点及齿轮传动效率的测试方法。

（1）主要技术参数

① 试验齿轮模数 $\quad\quad m=2$

② 齿　数 $\quad\quad\quad z_4=z_3=z_2=z_1=38$

③ 中心距 $\quad\quad\quad a=76mm$

④ 速比 $\quad\quad\quad\quad i=1$

⑤ 直流电机额定功率 $\quad P=300W$

⑥ 直流电机转速 $\quad\quad N=0\sim1100r/min$

⑦ 最大封闭扭矩 $\quad\quad T_B=15N\cdot m$

⑧ 最大封闭功率 $\quad\quad P_B=1.5kW$

（2）机械结构

试验台的结构如图 3 - 6 所示，由定轴齿轮副、悬挂齿轮箱、扭力轴、双万向联轴器等组成一个封闭机械系统。

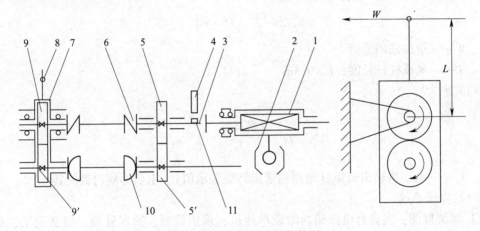

图 3 - 6　齿轮实验台结构简图

1—悬挂电机　2—转矩传感器　3—浮动联轴器　4—霍耳传感器　5，5′—定轴齿轮副　6—刚性联轴器

7—悬挂齿轮箱　8—砝码　9，9′—悬挂齿轮副　10—万向联轴器　11—永久磁钢

电机采用外壳悬挂结构，通过浮动联轴器和齿轮相连，与电机悬臂相连的转矩传感器把电机转矩信号送入实验台电测箱，在数码显示器上直接读出。电机转速由霍耳传感器 4 测出，同时送往电测箱中显示。

（3）效率计算

① 封闭功率流方向的确定：由图 3 - 6 可知，试验台空载时，悬挂齿轮箱的杠杆通常处于水平位置，当加上一定载荷之后（通常加载砝码是 0.5kg 以上），悬挂齿轮箱会产生一定角度的翻转，这时扭力轴将有一力矩 T_9 作用于齿轮 9（其方向为顺时针），万向节轴也有一力矩 $T_{9'}$ 作用于齿轮 9′（其方向也是顺时针，如忽略摩擦，$T_{9'}=T_9$）。当电机顺时针方向以角速度 ω 转动时，T_9 与 ω 的方向相同，$T_{9'}$ 与 ω 方向相反，故这时齿轮 9 为主动轮，齿轮 9′ 为从动轮，同理齿轮 5′ 为主动轮，齿轮 5 为从动轮，封闭功率流方向如图 3 - 4 所示，其大小为

$$P_a=\frac{T_9n_9}{9550}=P_9' \quad\quad (kW) \quad\quad\quad (3-21)$$

该功率流的大小决定于加载力矩和扭力轴的转速，而不是决定于电动机。电机提供的功率仅为封闭传动中损耗功率，即

$$P_1 = P_9 - P_9 \eta_{总} \qquad (3-22)$$

则

$$\eta_{总} = \frac{P_9 - P_1}{P_9} = \frac{T_9 - T_1}{T_9} \qquad (3-23)$$

对单对齿轮

$$\eta = \sqrt{\frac{T_9 - T_1}{T_9}} \qquad (3-24)$$

η——总效率，若 $\eta = 95\%$，则电机供给的能量，其值约为封闭功率值的 1/10，是一种节能高效的试验方法。

② 封闭力矩 T_9 的确定：由图 3-6 可以看出，当悬挂齿轮箱杠杆加上载荷后，齿轮 9、齿轮 9′ 就会产生扭矩，其方向都是顺时针，对齿轮 9′ 中心取矩，得到封闭扭矩 T_9（本试验台 T_9 是所加载荷产生扭矩的一半），即

$$T_9 = \frac{WL}{2} \quad (\text{N} \cdot \text{m}) \qquad (3-25)$$

式中，W——所加砝码重量

L——加载杠杆长度，$L = 0.3\text{m}$

则平均效率为

$$\eta = \sqrt{\eta_{总}} = \sqrt{\frac{T_9 - T_1}{T_9}} = \sqrt{\frac{\dfrac{WL}{2} - T_1}{\dfrac{WL}{2}}} \qquad (3-26)$$

式中，T_1——电动机输出转矩（电测箱输出转矩显示值），电机为顺时针旋转

（4）电子系统

① 系统框图：实验台电测箱内附设单片机，承担检测、数据处理、信息记忆、自动数字显示及传送等功能。若通过串行接口与计算机相联，就可由计算机对所采集数据进行自动分析处理，并能显示及打印齿轮传递效率 $\eta - T_9$ 曲线及 $T_1 - T_9$ 曲线和全部相关数据，实验系统框图如图 3-7 所示。

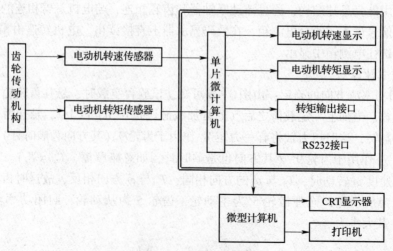

图 3-7　实验系统框图

② 操作部分：操作部分主要集中在电测箱正面的面板上，面板的布置如图3-8所示。

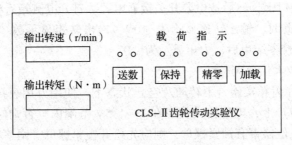

图3-8　面板布置图

在电测箱背面备有微机RS232接口，转矩、转速输入接口等，其布置情况如图3-9所示。

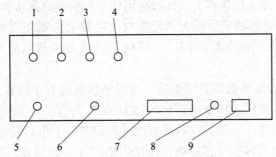

图3-9　电测箱后板布置图

1—调零电位器　2—转矩放大倍数电位器　3—力矩输出接口　4—接地端子
5—转速输入接口　6—转矩输入接口　7—RS232接口　8—电源开关　9—电源插座

四、实验方法及步骤

1．A型试验台

（1）首先用手动检查一下机器转动是否灵活；

（2）松开加载器上的联接螺钉，抬起加载蜗杆使其与加载器上的蜗轮啮合；

（3）用加载杠杆在加载器上施加封闭扭矩加载后，转动加载螺杆，将 α 角调至0°，使加载杠杆呈水平状态；

（4）拧紧加载器上的联接螺钉，加载完毕后，取下杠杆；

（5）放下加载蜗杆，使其与蜗轮脱离接触；

（6）将测力装置上的百分表调至"零"；

（7）开机，调至所需转速800～1000r/min；待转速稳定后，测定电动机的输出扭矩；

（8）逐步加载砝码重量，改变封闭扭矩，重复上述试验步骤，记录砝码重量与测力计读数；

（9）开启计算机，调动程序，输入数据，作出 $T_1 - T_4$ 曲线和 $\eta - T_4$ 曲线。

2．B型试验台（CLS-Ⅱ型齿轮试验台）

（1）人工记录操作方法

① 系统联接及接通电源　齿轮实验台在接通电源前，应首先将电机调速旋钮逆时针

转至最低速"0速"位置，将传感器转矩信号输出线及转速信号输出线分别插入电测箱后板和实验台上相应接口上，然后按电源开关接通电源。打开电测箱后板上的电源开关，并按一下"清零键"，此时，输出转速显示为"0"，输出转矩显示数"0"，实验系统处于"自动校零"状态。校零结束后，力矩显示为"0"。

② 转矩零点及放大倍数调整

a. 零点调整　在齿轮实验台不转动及空载状态下，使用万用表接入电测箱后板力矩输出接口3（图3-9）上，电压输出值应在 $1 \sim 1.5V$ 范围内，否则应调整电测箱后板上的调零电位器（若电位器带有锁紧螺母，则应先松开锁紧螺母，调整后再锁紧）。

零点调整完成后按一下"清零"键，待转矩显示"0"后表示调整结束。

b. 放大倍数调整　"调零"完成后，将实验台上的调速旋钮顺时针慢慢向"高速"方向旋转，电机启动并逐渐增速，同时观察电测箱面板上所显示的转速值。当电机转速达到 $1000r/min$ 左右时，停止转速调节，此时输出转矩显示值应在 $0.98 \sim 1N \cdot m$（此值为出厂时标定值），否则通过电测箱后板上的转矩放大倍数电位器加以调节。调节电位器时，转速与转矩的显示值有一段滞后时间。一般调节后待显示器数值跳动两次即可达到稳定值。

③ 加载　调零及放大倍数调整结束后，为保证加载过程中机构运转比较平稳，建议先将电机转速调低。一般实验转速调到 $500 \sim 800r/min$ 为宜。待实验台处于稳定空载运转后（若有较大振动，要按一下加载砝码吊篮或适当调节一下电机转速），在砝码吊篮上加上第一个砝码。观察输出转速及转矩值，待显示稳定（一般加载后转矩显示值跳动 $2 \sim 3$ 次即可达稳定值）后，按一下"保持键"，使当时的转速及转矩值稳定不变，记录下该组数值。然后按一下"加载键"，第一个加载指示灯亮，并脱离"保持"状态，表示第一点加载结束。

在吊篮上加上第二个砝码，重复上述操作，直至加上 8 个砝码，8 个加载指示灯亮，转速及转矩显示器分别显示"8888"表示实验结束。

根据所记录下的 8 组数据便可做出齿轮传动的传动效率 $\eta - T_9$ 曲线及 $T_I - T_9$ 曲线。

在加载过程中，应始终使电机转速基本保持在预定转速左右。在记录下各组数据后，应先将电机调速至零，然后再关闭实验台电源。

（2）与计算机接口实验方法

在 CLS-Ⅱ型齿轮传动实验台电控箱后板上设有 RS-232 接口，通过所附的通讯连接线和计算机相联，组成智能齿轮传动实验系统，操作步骤为：

① 系统联接及接通电源　在关电源的状态下将随机携带的串行通讯连接线的一端接到实验台电测箱的 RS-232 接口，另一端接入计算机串行输出口（串行口 1#或 2#均可，但无论联线或拆线时，都应先关闭计算机和电测箱电源，否则易烧坏接口元件）。其余方法同前。

② 转矩零点及放大倍数调整　方法同前。

③ 打开计算机　打开计算机，运行齿轮实验系统，首先对串口进行选择，如有必要，在串口选择下拉菜单中有一栏机型选择，选择相应的机型，然后点击数据采集功能，等待数据的输入。

④ 加载　同样，加载前就先将电机调速至 $500 \sim 800r/min$，并在加载过程中应始终使

电机转速基本保持在预定值。

　　a．实验台处于稳定空载状态下，加上第一个砝码，待转速及转矩显示稳定后，按一下"加载键"（注：不需按"保持键"），第一个加载指示灯亮。加第二个砝码，显示稳定后再按一下"加载键"，第二个加载指示灯亮，第二次加载结束。如此重复操作，直至加上 8 个砝码，按 8 次"加载键"，8 个加载指示灯亮。转速、转矩显示器都显示"8888"，表明所采数据已全部送到计算机。将电机调速至"0"并卸下所有砝码。

　　b．当确认传送数据无误（否则再按一下"送数键"）后，用鼠标选择"数据分析"功能，屏幕所显示本次实验的曲线和数据。接下来就可以进行数据拟合等一系列的工作了。如果在采集数据过程中，出现采不到数据的现象，请检查串口是否接牢，可选择另一串口重新采集，如果采集的数据有错，请重新用实验台产生数据，再次采集，或者重新选择机型，建议选择较好的机型。

　　c．移动功能菜单的光标至"打印"功能，打印机将打印实验曲线和数据。

　　d．实验结束后，用鼠标点击"退出"菜单，即可退出齿轮实验系统。退出后应及时关闭计算机及实验台电测箱电源。

　　e．注意：如需拆、装 RS－232 串行通讯线，必须将计算机及试验台的电源关断。

五、思考题及实验结果分析

1．总结测定齿轮传动效率的方法。
2．齿轮传动系统效率的影响因素有哪些？

第三节　液体动压径向滑动轴承实验

一、实 验 目 的

1．观察分析滑动轴承在起动过程中的摩擦现象及润滑状态，加深对形成流体动压润滑油膜条件的理解。

2．可以测试流体动压力 p、滑动速度 v 与摩擦因数 f 之间的关系，并绘出滑动轴承的特性曲线。

3．通过实验数据处理，绘制出滑动轴承油膜中的压力分布曲线。

4．了解滑动轴承的试验及其性能的测试方法。

二、实验设备与仪器

1．滑动轴承实验台：主要由滑动轴承、机械传动系统、测试装置三部分组成。

2．本实验室有三种滑动轴承实验台：A 型结构实验台、B 型结构实验台、C 型结构实验台。

三、实验基本原理

1．实验原理

滑动轴承形成动压润滑油膜的过程如图 3－10 所示。当轴静止时，轴承孔与轴颈直接接触，如图 3 - 10（a）所示，径向间隙 Δ 使轴颈与轴承的配合面之间形成楔形间隙，其间充满润滑油。由于润滑油具有黏性而附着于零件表面的特性，因而当轴颈回转时，依靠附着在轴颈上的油层带动润滑油挤入楔形间隙。因为通过楔形间隙的润滑油质量不变（流体连续运动条件），而楔形中的间隙截面逐渐变小，润滑油分子间相互挤压，从而油层中必然产生流体动压力，它力图挤开配合面，达到支承外载荷的目的。当各种参数协调时，液体动压力能保证轴的中心与轴瓦中心有一偏心距 e。最小油膜厚度 h_{min} 存在于轴颈与轴承孔的中心连线上，液体动压力的分布如图 3 - 10（c）所示。

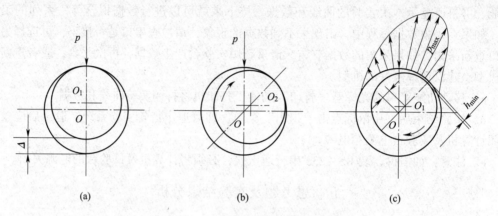

(a)   (b)   (c)

图 3 - 10　液体动压润滑膜形成的过程

液体动压润滑能否建立，通常用 $f - \lambda$ 曲线来判别。图 3 - 11 中 f 为轴颈与轴承之间的摩擦因数，λ 为轴承特性系数，它与轴的转速 n，润滑油动力黏度 η、润滑油压力 p 之间的关系为

$$\lambda = \eta n / p \qquad (3 - 27)$$

式中，　$p = \dfrac{F_r}{l_1 d}$, N/mm^2

F_r——轴承承受的径向载荷

d——轴承的孔径，本实验中，

　　$d = 60mm$

l_1——轴承有效工作长度，对本

　　实验轴承，取 $l_1 = 70mm$

特性曲线上的 A 点是轴承由混合摩擦（润滑）向液体摩擦（润滑）转变的临界点。此点的摩擦因数为最小，其相对应的

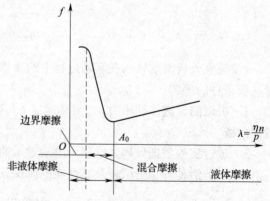

图 3 - 11　摩擦特性曲线（Stribeck 曲线）

轴承特性系数称为临界特性系数，以 λ_0 表示。A 点之右，即 $\lambda > \lambda_0$ 区域为液体摩擦（润滑）状态；A 点之左，即 $\lambda < \lambda_0$ 区域称为非液体摩擦（润滑）状态。

根据不同条件所测得的 f 和 λ 之值，我们就可以作出 $f - \lambda$ 曲线，用以判别轴承的润滑状态，能否实现在流体润滑状态下工作。

2. 实验台的结构与工作原理

滑动轴承实验台主要由滑动轴承、机械传动系统、测试装置三部分组成。本实验室有三种滑动轴承实验台。

（1）A 型及 B 型实验台结构及原理

如图 3 - 12、图 3 - 13 所示，A 型滑动轴承实验台实验所用的轴瓦 6 是包角为 180°的半瓦，由青铜材料制成，置于轴 5 上部，轴的下半部浸在装有 46 号机械油的油池中。当主轴转动时，将油带入轴与轴瓦之间的收敛楔形间隙内，形成动压油膜。轴的转速用直流电机调速。主轴转速的测试是利用光电转速传感器和转速数字显示仪来进行测量的（也可用手动转速表等仪器测量）。

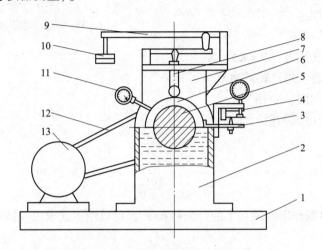

图 3 - 12　A 型滑动轴承实验台示意图

1—机架　2—主轴箱　3—测力杠杆　4—测力计　5—轴　6—轴瓦　7—轴承座　8—加载支杆
9—加载杠杆　10—加载装置　11—压力表　12—V 带传动　13—直流电机

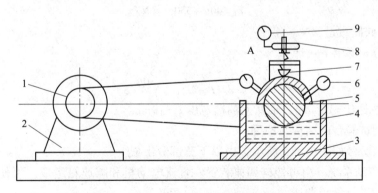

图 3 - 13　B 型滑动轴承实验台示意图

1—直流电机　2—V 带传动　3—主轴箱　4—主轴　5—轴瓦
6—压力表　7—加载装置　8—弹簧片　9—测力计（百分表）

B 型滑动轴承实验台主要由直流电机 1 通过 V 带传动装置 2 驱动主轴 4 转动，可由无级调速器实现无级调速，主轴的转速范围为 3～500r/min，主轴的转速由转速数字显示仪测量。

下面以 A 型滑动轴承实验台说明实验工作原理。轴与轴瓦间径向油膜压力的测量，通过压力表 11 来进行。滑动轴承摩擦力与摩擦因数是通过测力杠杆 3 与测力计 4（百分表）来测试的，测量滑动轴承摩擦因数的结构如图 3 - 14 所示。

由于轴瓦测力杠杆联接成一体,当主轴转动时,轴瓦在摩擦力矩和弹簧支反力矩作用下处于平衡状态,因此可用百分表测出摩擦力矩

$$T_1 = F_f d / 2 \qquad (3-28)$$

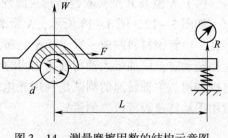

式中,F_f——轴与轴瓦间的摩擦力,N

d——主轴直径,mm

弹簧支承反力矩:

图 3-14　测量摩擦因数的结构示意图

$$T_2 = RL = K\Delta L \qquad (\text{N}\cdot\text{m}) \qquad (3-29)$$

式中,R——弹簧支反力,$R = K\Delta$,N

Δ——百分表上指针转动格数

K——弹簧刚度,N/格

L——测力杠杆的臂长,mm

根据力平衡条件　　　　　　　　　　　$T_1 = T_2$

即　　　　　　　　　　　　　　　　$F_f d / 2 = K\Delta L$

摩擦力为　　　　　　　　　　　$F_f = \dfrac{2KL}{d}\Delta \qquad (3-30)$

求出摩擦力后,根据作用在轴瓦上的径向载荷 F_r,可以用下式求出摩擦因数 f。

$$f = \frac{F_f}{F_r} \qquad (3-31)$$

作用在轴瓦上的载荷 F_r 是由砝码通过加载杠杆 9 和加载支杆 8 加上去的,它包括加载系统和轴瓦的自重,故有

$$F_r = 40G + 350 \qquad (\text{N}) \qquad (3-32)$$

式中,G——砝码重量,N

单位压力 p 可用下式计算

$$p = \frac{F_r}{d\,(B - 2l)} \qquad (\text{MPa}) \qquad (3-33)$$

式中,轴瓦宽度 $B = 130\text{mm}$,轴瓦上油槽宽度 $l = 19\text{mm}$。

（2）C 型试验台的结构与原理

所用的试验台如图 3-15 所示,由以下三部分组成。

① 变速传动系统。由可控硅调速装置、直流电动机和减速箱组成,可使轴颈在 40～500r/min 之间进行无级调速。

② 试验系统。由轴、轴承与润滑油组成。轴由一对滚动轴承支承,轴瓦悬置在轴上,轴瓦的上半部开了 9 个小孔,安装有 9 只压力表,用来测量油膜压力。

③ 加载与测量装置。加载系统由杠杆 A,B,C,D,E 及砝码 G 组成,其中 A 杆与轴瓦固连在一起。轴瓦对轴所产生的径向载荷为

$$F_r = 20.5G + W_0 \qquad (3-34)$$

式中,系数 20.5 为杠杆 E 的放大倍数

W_0——轴瓦、压力表和杠杆等零件的自重,其值为 202N

用压力表测定滑动轴承内不同位置的油膜压力,周向安装了 7 只压力表,每只间隔22.5°;轴向安装了 3 只压力表,间距为 30mm。

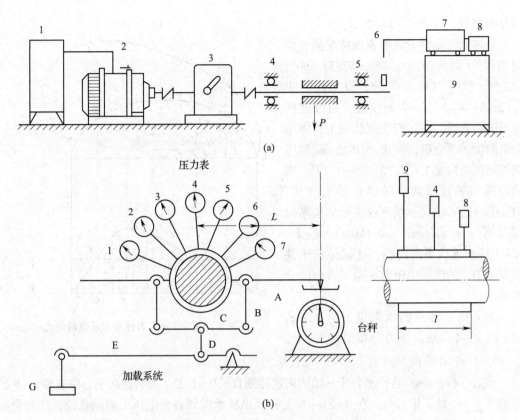

图 3 - 15　C 型滑动轴承结构示意图

（a）实验台结构原理图　　（b）测量点

1—可控硅直流传动装置　2—直流电机　3—减速箱　4—球轴承

5—实验轴承　6—光电传感器　7—光电测速仪　8—数字显示仪　9—操纵箱

轴的回转转速用光电转速表测定，并用数字显示仪显示出精确读数。润滑油的黏度也需测定，先用半导体测温计测出润滑油的温度，而后按文献［3］中的图查出润滑油的运动黏度，再根据公式求出润滑油的动力黏度。

轴颈作用在轴瓦上的摩擦力矩 T，可以通过测定台秤上的读数 R，再按下式求得

$$T = F_{r}fd/2 = RL \tag{3 - 35}$$

式中，杠杆 A 的臂长 $L = 532\text{mm}$

$\qquad R$——磅秤支反力读数

摩擦因数 f 值为

$$f = \frac{2RL}{F_{r}d} = \frac{2 \times 532R}{60F_{r}} = 17.7\ \frac{R}{F_{r}} \tag{3 - 36}$$

四、实验方法与步骤

1. 实验方法

（1）绘制滑动轴承中油膜压力分布曲线与承载量曲线

启动电机，控制主轴转速，当轴承中形成压力油膜后，压力表指针稳定在某一位置上，由左向右依次记录各压力表上显示的压力值。根据测出的油压大小按一定比例绘制油

压分布曲线，如图 3 – 16 所示。

具体画法是沿着圆周表面从左向右画出角度分别为22.5°、45°、67.5°、90°、112.5°、135°、157.5°等分，得出压力表1、2、3、4、5、6、7的位置，通过这些点与圆心连线，在它们的延长线上，将压力表测出的压力值，按0.1MPa∶5mm的比例画出压力向量 1 – 1′，2 – 2′…7 – 7′。实验台压力表显示数值的单位是大气压。（1atm = 1kgf/mm²），换算成国际单位制的压力值。（1kgf/mm² = 0.1MPa）。经 1′，2′…7′各点连成平滑曲线，这就是位于轴承宽度中部的油膜中压力在圆周方向的分布曲线。

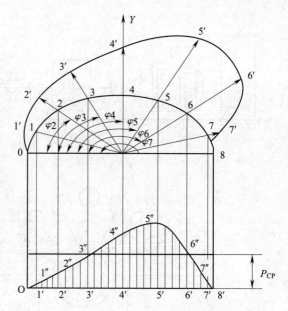

图 3 – 16　径向压力分布与承载量曲线

为了确定轴承的承载量，用 $p_i\sin\varphi_i$（$i = 1$，$2…7$）求出压力分布向量 1 – 1′，2 – 2′…7 – 7′在载荷方向上（y 轴）的投影值。

然后，将 $p_i\sin\varphi_i$ 这些平行于 y 轴的向量移到直径 0 ~ 8 上，为清楚起见，将直径 0 ~ 8 平移到图 3 – 16 的下面部分，在直径 0 ~ 8′上先画出轴承圆周表面上压力表油孔位置的投影点 1′，2′…7′。然后通过这些点画出上述相应的各点压力在载荷方向上的分量，即 1′2″…7″点位置，将各点平滑地连接起来，所形成的曲线即为在载荷方向上的压力分布。

在直径 0′ ~ 8′上作一矩形，采用方格坐标纸，使其面积与曲线所包围的面积相等，则该矩形的边长 P_{av} 即为轴承中该截面上的油膜中平均径向压力。

滑动轴承处于流体摩擦（液体摩擦）状态工作时，其油膜承载量与外载荷相平衡，轴承内油膜的承载量可用下式求出

$$F_r = W = \psi P_{av} Bd \qquad (3 – 37)$$

式中，W——轴承内油膜承载能力

　　　F_r——外加径向载荷

　　　ψ——轴承端泄对其承载能力的影响系数

　　　p_{av}——轴承的径向平均单位压力

　　　B——轴瓦长度

　　　d——轴瓦内径

润滑油的端泄对轴承内的压力分布及轴承的承载能力影响较大，通过实验可以观察其影响，具体方法如下。

由实验测得的每只压力表的压力代入下式，可求出在轴瓦中心截面上的平均单位压力

$$P_{av} = \frac{\sum\limits_{i=1}^{i=7} P_i\sin\varphi_i}{7} = \frac{P_1\sin\varphi_1 + P_2\sin\varphi_2 + \cdots + P_7\sin\varphi_7}{7} \qquad (3 – 38)$$

轴承端泄对轴承承载能力的影响系数，由公式（3 – 37）变化得

$$\psi = \frac{W}{P_{av}Bd}$$ (3 – 39)

（2）绘制滑动轴承的特性曲线 滑动轴承的特性曲线见图 3 – 11。参数 η 为润滑油的动力黏度，润滑油的黏度受到压力与温度的影响，由于实验过程时间短，润滑油的温度变化不大。润滑油的压力一般低于 20MPa，因此可以认为润滑油的动力黏度是一个近似常数。根据查表可得 46 号机械油在 20℃时的动力黏度为 $0.34\text{Pa} \cdot \text{s}$。$n$ 为轴的转速，是一个实验中可调节的参数。轴承中的平均比压可用下式计算

$$p = \frac{F_r}{Bd}$$ (3 – 40)

在实验中，通过调节轴的转速 n，从而改变 $\eta n/p$，将各种转速所对应的摩擦力矩和摩擦因数求出，即可画出 $\lambda - f$ 曲线。

2. 实验步骤

（1）开启油泵电机，使油泵工作，对轴承供油（A 型试验台无此项步骤）；

（2）启动电机，开机前应使调速电位器置在最低极限位置；

（3）调节电机速度，逐渐加速，使试验机的滑动轴承主轴、A 型机调至 800r/min、B 型机调至 400r/min；

（4）加载，先加一块重量，观察记录各压力表的读数值；

（5）改变载荷，重复上一项步骤；

（6）改变转速，A 型机调至 300r/min；C 型机调至 100r/min；重复上一项步骤，并观察各压力表的读数值；

（7）摩擦特性曲线的测定：在载荷一定的情况下，调节轴的转速，依次从高到低调节转速；对应每一转速，在测力计或磅秤上读出相应的读数值，并记录；A 型机上不能测定非液体摩擦区的摩擦因数，但可通过观察灯泡的亮暗进行；

（8）改变载荷，重复上一项步骤，比较 $\lambda - f$ 曲线的重合情况；

（9）卸去载荷，然后停车，关闭油泵；

（10）编制计算程序，将实验测得数据输入计算机，绘制油膜压力分布曲线、滑动轴承摩擦特性曲线。

五、思考题及实验结果分析

1. 液体动压滑动轴承是如何工作的？
2. 液体动压润滑油膜是如何形成的？
3. 液体动压润滑滑动轴承的特性与哪些因素有关？
4. 如何测量液体动压润滑滑动轴承的特性？
5. 按上述实验方法记录数据，绘制油膜压力分布曲线、滑动轴承摩擦特性曲线。

第四节 链条、万向节传动实验

一、实 验 目 的

1. 分析验证万向节的运动特性。
2. 验证分析链传动中的速度多边形效应。

二、实 验 原 理

实验传动简图如图 3 – 17 所示，实验原理如下。

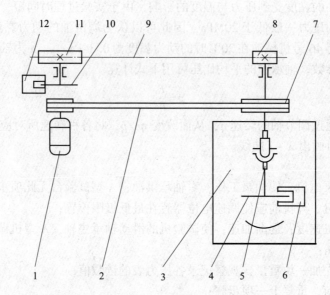

图 3 – 17 万向节、链轮链条传动机构传动简图

1—电动机 2—皮带 3—箱体 4，10—传感器 5—万向节 6，12—测速仪
7—带轮 8—小链轮 9—链条 11—大链轮

1. 万向联轴器传动允许两轴有较大的夹角（夹角实际使用可达 $0° \sim 30°$），而且在机器运转时，夹角发生改变仍可正常传动。当夹角过大时，这种传动的传动效率会显著降低，当主动轴夹角为常数，从动轮的角速度不是常数，在一定范围内（$\omega_1 \cos\alpha \leqslant \omega_2 \leqslant \omega_1/\cos\alpha$）变化，因而在传动中将产生附加载荷。为了改善这种情况，常将万向联轴器成对使用。只有这种双万向联轴器才可以得到 $\omega_1 = \omega_2$。

2. 链传动中链条的链节与链轮齿相啮合，可看作为将链条绕在正多边形的链轮上。该正多边形的边长等于链条的节距 t，边数等于链轮齿数 z。轮每转一转，随之转过的链长为 zt，所以链的速度 v 为

$$v = \frac{z_1 n_1 t}{60 \times 1000} = \frac{z_2 n_2 t}{60 \times 1000} \ (\text{m/s}) \tag{3 – 41}$$

式中：z_1、z_2——主，从动链轮的齿数

n_1、n_2——主从动轮转的转数

t——链的节距，mm

而瞬时传动比

$$i_{12} = \frac{W_1}{W_2}$$

式中：W_1、W_2——主，从动链转角速度

根据分析已知，由于链传动的多边效应。实际上链传动中瞬时速度和瞬时传动比都是变化的，而且是按每一链节的啮合过程做周期性变化。

三、实 验 设 备

1. LWS - Ⅲ型万向节、链条传动实验台。
2. 计算机。

四、实验步骤与方法

1. 主动链轮和被动链轮的转速曲线 $N - \theta$（θ 为转轴角位移）、最大转速 N_{max}、最小转速 N_{min} 及回转不匀率系数 ε。

2. 调节电机转速，使小链轮平均转速（从 100r/min 到 200r/min 并每隔 10r/min 变化，即 LED 显示值），测出回转不匀率系数 ε 与大链轮平均转速 N_m 的曲线。

3. 测得万向联轴节在正置状态下测得的转速变化曲线 $N - \theta$ 及 N_{max}、N_{min}、ε。

4. 测得万向联轴节联接在传动角 Q 为 30°情况下测得的转速变化曲线 $N - \theta$ 及 N_{max}、N_{min}、ε。

5. 调节万向联轴节联接的传动角 Q（0°~30°可调），测出回转不匀率系数 ε 与 Q 的曲线。

五、实验结果分析

1. 根据实验数据画出万向节传动角为 0°时的实验结果图（如图 3 - 18、图 3 - 19 所示）。

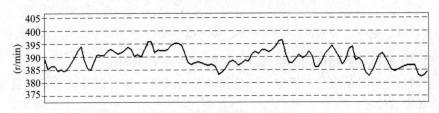

图 3 - 18　万向节轴速度曲线

回转不均匀率：3.640%　　平均转速（r/min）：392

最大转速（r/min）：396　　最小转速（r/min）：382

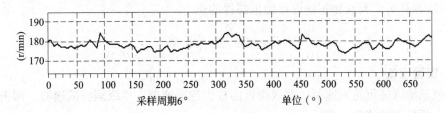

图 3 - 19　大链轮轴速度曲线

回转不均匀率：5.891%　　平均转速（r/min）：178

最大转速（r/min）：184　　最小转速（r/min）：173

2. 根据实验数据画出万向节传动角为 30°时的实验结果图（如图 3 - 20、图 3 - 21 所示）。

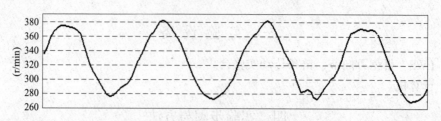

图 3 – 20　万向节轴速度曲线

回转不均匀率：34.49%　　平均转速/（r/min）：327

最大转速/（r/min）：382　　最小转速/（r/min）：269

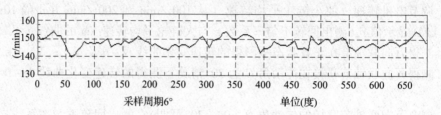

采样周期6°　　　　　　　　　　单位(度)

图 3 – 21　大链轴速度曲线

回转不均匀率：9.888%　　平均转速/（r/min）：147

最大转速/（r/min）：154　　最小转速/（r/min）：139

第五节　减速器拆装实验

一、实　验　目　的

1. 要求了解减速器箱体内的结构以及齿轮和轴系等的结构。

2. 了解轴上零件的定位和固定、齿轮和轴承的润滑、密封以及减速器附属零件的作用、构造和安装位置。

3. 熟悉减速器的拆装和调整过程。

4. 了解拆装工具和结构设计的关系。

5. 通过轴上零件的拆装，进一步熟悉并掌握阶梯轴设计的一般原则。

6. 培养分析、判断和正确设计轴承部件的能力。

二、实　验　设　备

1. 实验设备

两级三轴圆柱齿轮减速器、两级圆锥圆柱齿轮减速器、单级蜗杆减速器、两极分流式减速器、两极同轴式减速器。

2. 拆装工具和测量工具

活扳手、套筒扳手、榔头、内外卡钳、游标卡尺、钢板尺。

三、实验内容和要求

1. 了解铸造箱体的结构。

2．观察、了解减速器附属零件的用途，结构安装位置的要求。

3．测量减速器的中心距、中心高、箱座下凸缘及箱盖上凸缘的宽度和厚度、筋板厚度、齿轮端面与箱体内壁的距离、大齿轮顶圆与箱体底壁之间的距离、轴承内端面至箱内壁之间的距离。

4．了解轴承的润滑方式和密封装置，包括外密封的型式，轴承内侧的挡油环、封油环的作用原理及其结构和安装位置。

5．测绘高速轴及轴承部件的结构草图。

四、实 验 步 骤

减速器结构如图 3-22 所示。

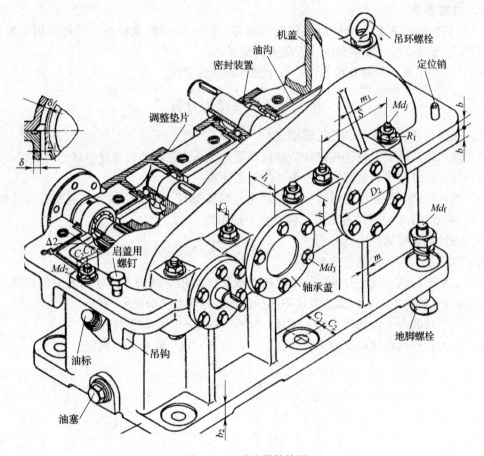

图 3-22　减速器结构图

1．拆卸

（1）仔细观察减速器外部各部分的结构，从各部分结构中观察分析回答后面第五项思考题内容。

（2）用扳手拆下观察孔盖板，考虑观察孔位置是否恰当，大小是否合适。

（3）拆卸箱盖

① 用扳手拆卸上、下箱体之间的连接螺栓、拆下定位销。将螺栓、螺钉、垫片、螺

母和销钉放在盘中，以免丢失，然后拧动启盖螺钉使上下箱体分离，卸下箱盖。

② 仔细观察箱体内各零部件的结构和位置，并分析回答后面第五项思考题内容。

③ 测量实验内容了解所要求的尺寸。

④ 卸下轴承盖，将轴和轴上零件一起从箱内取出，按合理顺序拆卸轴上零件。

⑤ 测绘高速轴及其支承部件结构草图。

2. 装配

按原样将减速器装配好，装配时按先内部后外部的合理顺序进行，装配轴套和滚动轴承时，应注意方向，注意滚动轴承的合理装拆方法，经指导教师检查合格后才能合上箱盖，注意退回启盖螺钉，并在装配上、下箱盖之间螺栓前应先安装好定位销，最后拧紧各个螺栓。

3. 注意事项

（1）切勿盲目拆装，拆卸前要仔细观察零、部件的结构及位置，考虑好拆装顺序，拆下的零、部件要统一放在盘中，以免丢失和损坏。

（2）爱护工具、仪器及设备，小心仔细拆装避免损坏。

五、思考题与结构分析

1. 如何保证箱体支承具有足够刚度？

2. 轴承座两侧上下箱连接螺栓应如何布置？支承该螺栓凸台高度应如何确定？

3. 如何减轻箱体的重量和减少箱体的加工面积？

4. 减速箱的附件如吊环螺栓、定位销钉、启盖螺钉、油标、油塞、观察孔和通气器（孔）等各起何作用？其结构如何？应如何合理布置？

5. 轴的热膨胀如何进行补偿？

6. 轴承是如何进行润滑的？

7. 如箱座的结合面上有油沟，下箱座应取怎样的相应结构才能使箱盖上的油进入油沟？油沟有几种加工方法？加工方法不同，油沟的形状有何异同？

8. 为了使润滑油经油沟后进入轴承，轴承盖的结构应如何设计？

9. 大齿轮顶圆距箱底壁间为什么要留一定距离？这个距离如何确定？

第四章 机械制造技术基础实验

第一节 车刀的几何角度及其测量

一、实验目的和要求

1. 熟悉车刀切削部分的构造要素，根据车刀几何角度的定义测量车刀的几何角度。
2. 了解车刀测角仪的结构，学会使用车刀测角仪测量车刀几何角度的方法。
3. 根据测量结果绘制车刀工作图。

二、实验基本原理

测量刀具几何角度的量具很多，如万能量角器、摆针式重力量角器、车刀测角仪等。车刀测角仪是测量车刀角度的专用量角仪，它有很多种型式，本实验采用的是既能测量车刀主剖面参考系的基本角度，又能测量车刀法剖面参考系的基本角度的一种车刀测角仪，其结构如图4－1所示。

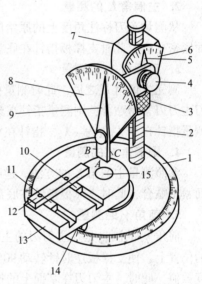

图 4－1 车刀测角仪

1—刻度盘1　2—升降杆　3—升降螺母
4—滚花手轮　5—小指针　6—刻度盘3
7—导向块　8—刻度盘2　9—测量指针
10—滑块2　11—滑块1　12—导块
13—支撑板　14—指针　15—小轴

圆形底盘的周边上刻有从0°起顺、逆时针两个方向各100°的刻度盘1。其上面的支撑板13可绕小轴15转动，转动的角度由固连在支撑板上的指针指示出来。支撑板上的导块12和滑块1、2固定在一起，能在支撑板的滑槽内平行滑动。

升降杆2固定安装在圆形底盘上，它是一根矩形螺纹丝杠，其上面的升降螺母3可以使导向块沿升降杆上的键槽上、下滑动。导向块上面用小螺钉固定装上一个小刻度盘3，在刻度盘3的外面用滚花手轮将角铁的一端锁紧在导向块上。当松开滚花手轮时，角铁以滚花手轮为轴，可以向顺、逆时针两个方向转动，其转动的角度用固定在角铁上的小指针在刻度盘3上指示出来。在角铁的另一端固定安装扇形刻度盘2，其上安装着能顺时针转动的测量指针9，并在刻度盘2上指示出转动的角度。

当支撑板指针、小指针和测量指针都处于0°时，测量指针的前面和侧面 B、C 垂直于支撑板的平面，而测量指针的底面 A 平行于支撑板的平面。测量车刀角度时，就是根据被测角度的需要，转动支撑板，同时调整支撑板上的车刀位置，再旋转升降螺母使导向块带动测量指针上升或下降而处于适当的位置。然后用测量指针的前面（或侧面 B、C 或底

面 A ），与构成被测角度的面或线紧密贴合，从刻度盘 2 上读出测量指针指示的被测量角度数值。

三、实 验 仪 器

1．车刀测角仪。

2．实验用车刀教具：45°外圆车刀、75°外圆车刀、90°外圆车刀、45°弯头车刀、切断刀等。所用车刀教具的刀杆的截面为矩形。

四、实验方法及步骤

1．校准车刀测角仪的原始位置

用车刀测角仪测量车刀的几何角度之前，必须先将测角仪的测量指针、小指针和支撑板指针全部调整到零位，然后将车刀平放在支撑板上，其侧面紧贴导块侧面，我们称这种状态下的车刀测角仪位置为测量车刀标准角度的原始位置。

2．主偏角 K_r 的测量

从测量车刀标注角度上的原始位置起，顺时针转动支撑板使车刀主刀刃和测量指针前面紧密贴合，此时支撑板指针在底盘上所指示的刻度数值，即为主偏角 K_r 数值。

3．刃倾角 λ_s 的测量

测完主偏角 K_r 之后，此时测量指针位于切削平面内，转动测量指针使其下边 A 与车刀主刀刃紧密贴合，则测量指针在刻度盘 2 上所指示的刻度数值，就是刃倾角 λ_s 的数值。测量指针在 0°左边为 $+\lambda_s$ ，指针在 0°右边为 $-\lambda_s$ 。

4．副偏角 K_r' 的测量

参照测量主偏角 K_r 的方法，逆时针方向转动支撑板，使车刀副刀刃与测量指针的前面紧密贴合，此时支撑板指针在底盘上所指示的刻度数值即为副偏角 K_r' 的数值。

5．前角 γ_0 的测量

前角 γ_0 的测量是在主刀刃的主剖面内进行的，首先将车刀测角仪位于测量主偏角 K_r 的位置上，使支撑板逆时针转动 90°或使支撑板指针从底盘 0°刻度逆时针转动 90°$-K_r$ 刻度数值。此时，主刀刃在基面上的投影恰好垂直于测量指针前面，然后用测量指针底边 A 与通过主刀刃上选定点的前刀面紧密贴合，则测量指针在刻度盘 2 上所指示的刻度数值，就是前角 γ_0 的数值。测量指针在 0°右边时为 $+\gamma_0$ ，测量指针在 0°左边时为 $-\gamma_0$ 。

6．后角 α_0 的测量

后角 α_0 的测量与前角 γ_0 的测量都是在主刀刃的主截面内进行的，因此在测量完前角之后支撑板不需要调整，只需平移导块和车刀，使测量指针的侧面 C 与通过主刀刃上选定点的后刀面紧密贴合，此时测量指针在刻度盘 2 上所指示的刻度值，就是后角 α_0 的数值，测量指针在 0°左边为 $+\alpha_0$ ，测量指针在 0°右边为 $-\alpha_0$ 。

7．副后角 α_0' 的测量

副后角 α_0' 的测量是在副刀刃的主剖面内进行的，所以首先使测量指针位于副刀刃的主截面内，其做法是将车刀测角仪位于测量 K_r' 的位置，然后顺时针转动 90°使测量指针位于副刀刃的主剖面位置，然后用测量指针的面 B 和通过副刀刃上选定点的副后刀面紧密贴合，测量指针在刻度盘 2 上所指示的刻度值就是副后角 α_0' 的数值。

将测量结果 K_r、K_r'、λ_s、γ_0、α_0、γ_n、α_n、α_0' 记入表 4－1 中。

表 4－1　　　　　　　　　　　　　　　　　实验记录表

刀具名称	K_r	K_r'	γ_0	α_0	λ_s	α_0'

五、思考题及实验结果分析

绘制外圆车刀和切断刀的工作图。

绘制车刀的工作图时，应使标注的角度数量最少，并能完整地表达出车刀切削部分的形状及尺寸，同时要求所标注的角度能反映刀具的切削特征，刀具工作图除表明几何参数以外，还需注明刀杆材料，切削部分的材料、牌号及型号，表面粗糙度要求，各主要参数公差等。

绘制车刀工作图的主要步骤如下：

1. 首先画出车刀的正视图。
2. 画出车刀俯视图。
3. 过车刀主刀刃上某点画出剖面。
4. 过车刀副刀刃上某点画出副剖面。
5. 画出切削平面 S 向视图。
6. 标注车刀主刀刃四个基本角度 γ_0、α_0、K_r、λ_s 和副切削刃的基本角度 K_r'、α_0'，标注刀杆尺寸及车刀主要技术要求等。

此外，必要时应画出局部放大图。

附车刀几何角度图如图 4－2～图 4－4，供参考。

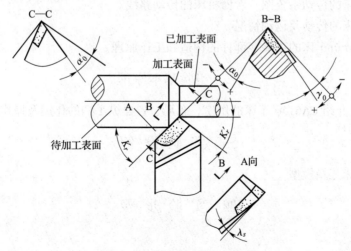

图 4－2　外圆车刀的几何角度

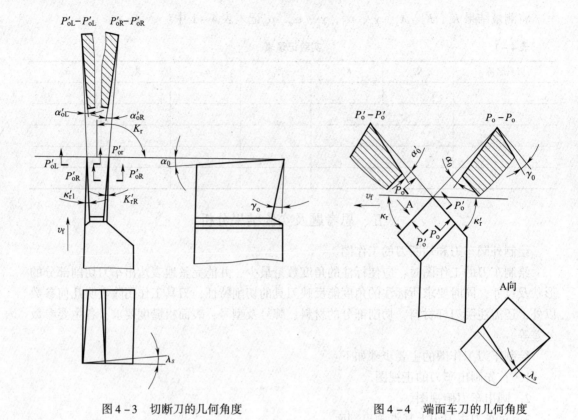

图 4 – 3　切断刀的几何角度　　　　　　图 4 – 4　端面车刀的几何角度

第二节　普通车床三箱的认识

一、实　验　目　的

1. 了解车床的用途、总体布局以及机床的主要技术性能。
2. 对照车床的传动系统图，看懂机床的传动路线。
3. 分析车床的传动及运动情况。
4. 了解和分析车床的主要零部件的构造和工作原理。

二、实验基本原理

由指导人员介绍 CA6140 车床的用途、布局、各操纵手柄的作用及操作方法。

三、实　验　设　备

CA6140 车床三箱模型。

四、实　验　步　骤

1. 主轴箱

（1）了解主轴箱功能。根据传动系统图和主轴箱展开图，熟悉各级转速的传动路线及传动件的构造、各轴在空间位置的布置。

（2）看懂标牌符号的意义，明确主轴箱各操纵手柄的作用。

（3）了解主轴的正转、反转、高速、低速是如何实现的，双向多片摩擦离合器和制动器的结构原理及其调整操纵情况。

（4）操纵 Ⅱ－Ⅲ 轴上两个滑移齿轮传动，操纵 Ⅳ 轴和 Ⅵ 轴上的滑移齿轮，观察它们的动作过程和啮合位置。

2．进给箱：对照进给箱的传动系统图和展开图，观察基本组、增倍机构的操纵、螺纹种类移换机构、光杠和丝杠传动的操纵。

3．溜板箱：纵、横向的机动进给及快速移动的操纵；光杠、丝杠进给的互锁和对合螺母的操纵。

五、思考题及实验结果分析

1．写出主传动系统的传动路线。

2．离合器有哪些类型？其特点和应用场合有什么不同？

3．车床夹持轴类和盘盖类零件有哪些夹具？如何安装带动工件旋转？

另附 CA6140 车床传动系统图图 4－5 和结构图图 4－6～图 4－9，供参考。

第三节　机床夹具综合实验（一）——夹具拆装

一、实　验　目　的

1．了解常见车、铣、钻床的通用夹具的工作原理与使用方法；

2．了解机床专用夹具的特点；

3．对照实物，了解专用夹具的工作原理；

4．拆装专用夹具。

二、实验基本原理

由指导人员介绍钻、铣、车夹具的结构和工作原理及拆装方法。

三、实　验　设　备

钻、铣、车通用夹具（三爪、四爪卡盘，分度头，分度盘，机用虎钳，跟刀架，中心架），车、铣、钻各 2 套专用夹具，量具及拆卸工具若干。

四、实　验　步　骤

1．介绍通用夹具的工作原理、元件结构

分度头是将工件夹持在卡盘上或两顶尖间，并使其旋转、分度和定位的机床附件。主要用于铣床，也常用于钻床和平面磨床，还可放置在平台上供钳工划线用。

（1）通用分度头

① 万能分度头：用途最为广泛，如图 4－10 所示。主轴可在水平和垂直方向间倾斜任

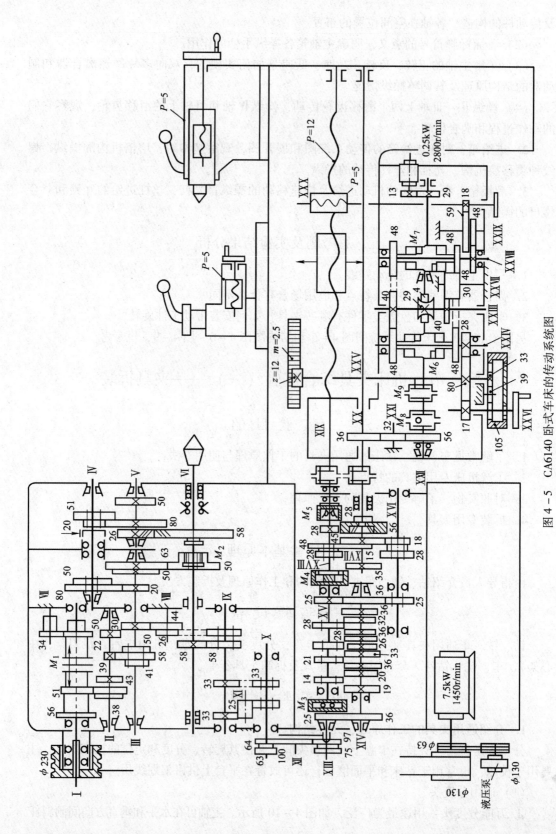

图 4 – 5　CA6140 卧式车床的传动系统图

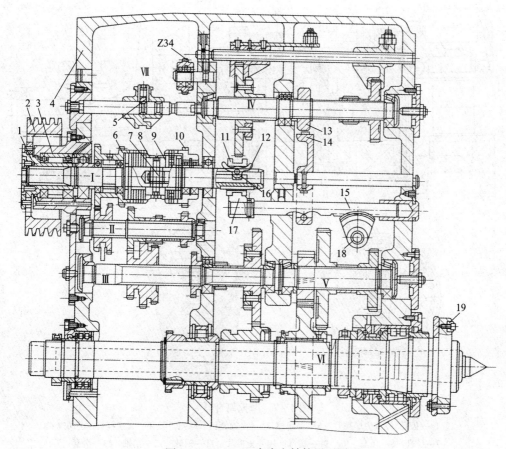

图 4-6　CA6140 车床主轴箱展开图

1—花键套　2—带轮　3—法兰　4—主轴箱体　5—钢球　6、10—齿轮　7—销　8、9—螺母　11—滑套
12—元宝杠杆　13—制动盘　14—制动带　15—齿条　16—拉杆　17—拨叉　18—扇形齿轮　19—圆键

意角度。分度机构由分度盘和传动比为 1：40 的蜗杆 – 蜗轮副组成，分度盘上有多圈不同等分的定位孔。转动与蜗杆相连的手柄将定位销插入选定的定位孔内，即可实现分度。当分度盘上的等分孔数不能满足分度要求时，可通过蜗轮与主轴之间的交换齿轮改变传动比，扩大分度范围。在铣床上可将万能分度盘的交换齿轮与铣床工作台的进给丝杠相联接，使工件的轴向进给与回转运动相组合，按一定导程铣削出螺旋沟槽。

② 半万能分度头：结构与万能分度头基本相同，但不带交换齿轮机构，只能用分度盘直接分度，不能与铣床工作台联动。

③ 等分分度盘：一般采用具有 24 个槽或孔的等分盘，直接实现 2、3、4、6、8、12、24 等分的分度，有卧式、立式和立卧式 3 种。立卧式的底座带有两个互相垂直的安装面，主轴可以处于水平或垂直位置。通用分度盘的分度精度一般为 ±60″。

（2）光学分度头　主轴上装有精密的玻璃刻度盘或圆光栅，通过光学或光电系统进行细分、放大，再由目镜、光屏或数显装置读出角度值。分度精度可达 ±1″，光学分度头用于精密加工和角度计量。

（3）数控分度头　数控分度头采用 AC 或 DC 伺服器马达驱动，复节距蜗杆蜗轮组机构传动，使用油压环抱式锁紧装置，再加上扎实的刚性密封结构。

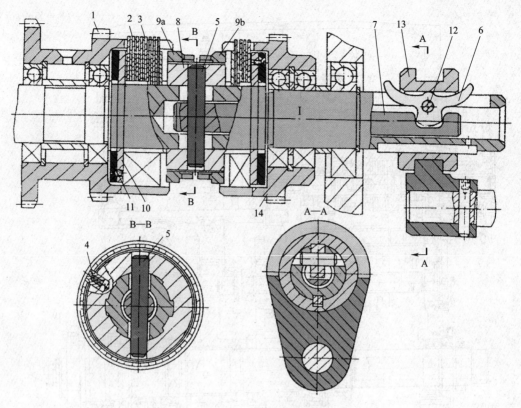

图 4 – 7　摩擦离合器

1、14—齿轮　2—内摩擦片　3—外摩擦片　4—弹簧销　5—长销　6—元宝杠杆（摆块）

7—拉杆　8—压套　9a、9b—螺母　10—止推片　11—钢球　12—销轴　13—滑套

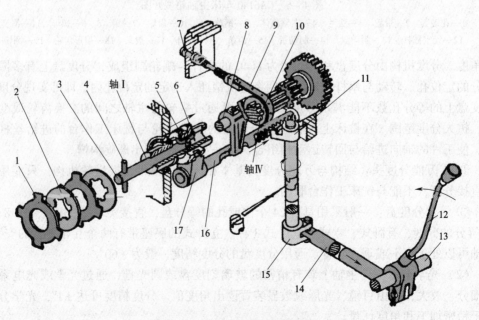

图 4 – 8　摩擦离合器操纵机构

1—外摩擦片　2—内摩擦片　3—杆　4—销　5—滑套　6—元宝杠杆　7—调节螺钉　8—杠杆

9—制动带　10—制动盘　11—扇形齿轮　12—手柄　13、14—轴　15—曲柄　16—齿条　17—拨叉

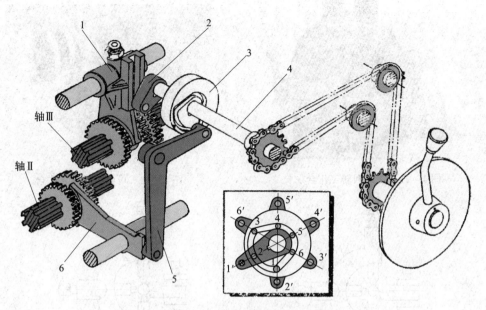

图4-9　滑移齿轮变速操纵机构

1、6—拨叉齿轮　2—曲柄　3—盘形凸轮　4—轴　5—杠杆

采用分度盘的分度方法，例如，铣削加工 $z = 35$ 的齿轮。每一次分度时手柄转过的转数为：

$$n = 40/z = 40/35 = 1\frac{1}{7}$$

即每分度一次，手柄需要转过 $1\frac{1}{7}$ 转。这 $\frac{1}{7}$ 转是通过分度盘来控制的，一般分度头备有两块分度盘。分度盘两面都有许多圈孔，各圈孔数均不等，但同一孔圈上孔距是相等的。

图4-10　万能分度头

第一块分度盘的正面各圈孔数分别为24、25、28、30、34、37；反面为38、39、41、42、43，第二块分度盘正面各圈孔数分别为46、47、49、51、53、54；反面分别为57、58、59、62、66。

简单分度时，分度盘固定不动。此时将分度盘上的定位销拔出，调整孔数为7的倍数的孔圈上，即28、42、49均可。若选用42孔数，即1/7=6/42。所以，分度时，手柄转过一转后，再沿孔数为42的孔圈上转过6个孔间距。

（4）分度盘

分度盘一般作为铣床的附件使用，安装在工作台上。通常采用蜗轮蜗杆工作方式，精度低。可分为水平、立式（图4-11）、可倾斜式（图4-12）等结构形式。

（5）跟刀架与中心架

跟刀架和中心架用于车床细长轴加工，用以提高支承刚度。跟刀架安装在横拖板上随拖板一起移动（图4-13），中心架固定在车床导轨上、位置不动（图4-14）。

图 4-11　立式回转工作台

图 4-12　可倾式回转工作台

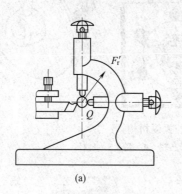

(a)

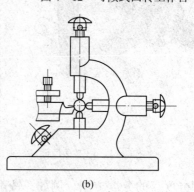

(b)

图 4-13　两爪跟刀架和三爪跟刀架

（a）两爪跟刀架　　（b）三爪跟刀架

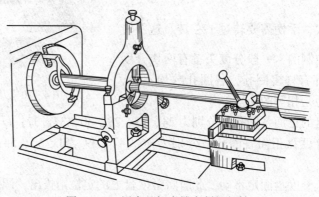

图 4-14　用中心架支撑车削细长轴

2. 专用夹具特点

专用夹具是专门为某一工件的某道工序而专门设计的夹具，具有结构紧凑，操作迅速、方便的优点。专用夹具适合于大批大量产品的生产，通常由根据生产要求自行设计制造。

车、铣、钻是三类最为常见的加工工艺，对应的夹具特点如下：

车床专用夹具安装在车床主轴上，加工时与主轴一起旋转，常见有心轴类、卡盘类、角铁式、花盘式等类型。由于夹具工作时往往高速旋转，设计夹具时，应注意离心力产生的影响，夹具重心尽可能靠近主轴，消除不平衡现象，防止惯性力引起夹紧力减弱或夹紧松动现象发生。

铣床专用夹具安装在机床的工作台上，与工作台一起运动。铣床夹具一般通过定位键定位，用 T 形槽螺钉将其固定在工作台上。铣削加工切削力大且变化，易引起振动，要求夹具应有足够的刚度和强度，夹具重心应尽量低。夹紧装置应保证必须的夹紧力，并有良好的自锁性能，不宜采用偏心夹紧。夹具应配置对刀块，用于确定铣刀位置。

钻床夹具一般用压板固定在钻床工作台上，通过钻套引导钻孔位置，工件较大时也可将钻模板直接安装在工件上。钻夹具通常分固定式、回转式、盖板式、翻转式、滑柱式等类型。钻套根据不同的场合可选择固定式、可换式、快换式及特殊钻套等。

3. 拆卸的方法及注意事项

拆卸前，首先应分清零件的连接方式是可拆连接还是不可拆连接，可拆连接中，要分清过盈、过渡、间隙配合。如拆卸可能破坏连接特性时，应尽可能避免拆卸。利用锤击拆卸时，不能直接用金属锤击打在零件表面，须垫上软质垫料：木头、铝块（棒）等或采用软质锤。

拆卸过程中要时刻注意安全。较重的零部件要放平稳，避免倾倒、滚落伤人，注意保护好高精度重要表面，防止零件丢失，合理使用工具，严禁乱敲乱打，做好记录，测绘完毕后，恢复原样。

4. 学生结合实物弄清通用夹具的具体结构、原理，针对某一专用夹具了解工作原理、结构，进行必要的拆装。

五、思考题及实验结果分析

1. 常见机床通用夹具的结构与应用。
2. 车、铣、钻专用夹具各有何特点？
3. 介绍所选专用夹具的工作原理。

第四节　机床夹具综合实验（二）——专用夹具测绘

一、实　验　目　的

1. 了解专用夹具的结构、各元件作用。
2. 测绘夹具装配示意图。
3. 测绘各零件草图。

二、实验基本原理

由指导人员介绍车、铣、钻专用夹具的结构和工作原理及测绘方法。

三、实　验　设　备

车、铣、钻各 2 套专用夹具，量具及拆卸工具若干。

四、实　验　步　骤

1. 介绍量具使用及测绘方法。
2. 选定某一专用夹具分组测绘。

拆卸时，应首先将夹具分成几个较大的组成部分（部件），拆卸后，再细分。零部件应及时编号，分类放置。编号方法采用产品代号、部件序号及零件序号三部分组成，如用 ZJ. 2 -2 表示钻床夹具的第 2 号部件中的第 2 个零件。拆卸过程中需要及时绘制如图 4 - 15 所示的装配示意图。

3. 分别绘制零件草图，标准件记录相关参数。

草图上的零件视图表达应完整、线型分明，尺寸标注正确，配合公差、形位公差选择合理，记录好零件名称、编号、数量、材料等内容。

4. 夹具装配复原，整理安放好工具及量具。

五、思考题及实验结果分析

1. 测绘夹具装配示意图。
2. 测绘零件结构草图。

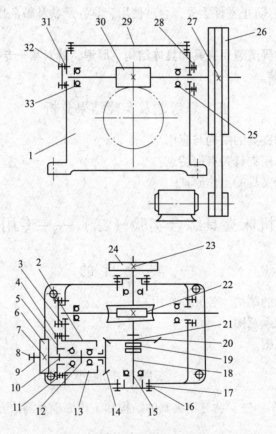

图 4 - 15 齿轮箱装配示意图

1—箱体 2—轴承套 3—纸质垫片 4—沉头螺钉 5—轴承盖 6—圆柱齿轮 7—键 4×14/GB 1096—2003

8—沉头螺钉 M5×12 9—挡圈 10—毡圈 11—轴承 GB/T 297—2007 12—隔离环 13—轴承 GB/T 296—1994

14—圆锥齿轮轴 15—轴承 GB/T 292—2007 16—轴承盖 17—纸质垫片 18—主轴 19—小圆螺母

20—圆锥齿轮 21—平键 6×25/GB 1096—2003 22—蜗轮 23—轴承盖 GB 1096—2003 24—凸轮

25—轴承 GB/T 276—1994 26—V 带轮 27—平键 5×25/GB 1096—2003 28—轴承盖

29—箱盖 30—蜗杆 31—纸质垫片 32—轴承盖 33—轴承 GB/T 292—2007

第五节　机床夹具综合实验（三）——专用夹具设计

一、实　验　目　的

1. 通过结构设计改进，加深对机床夹具的认识。
2. 提高机床夹具的设计能力。
3. 提高设计的表达能力。

二、实验基本原理

由指导人员介绍车、铣、钻专用夹具的结构、工作原理、设计方法及设计总体技术要求。

三、实　验　设　备

车、铣、钻各2套专用夹具，量具及拆卸工具若干。

四、实　验　步　骤

1. 介绍测量数据处理及公差确定方法、夹具设计总体技术要求。

数据处理：由于制造误差和测量误差存在，需根据实测值推断原设计值。

（1）基本尺寸的确定

对于常规设计尺寸即标准化设计尺寸，如螺纹、轴承、键等，应根据测量值取对应的标准尺寸；对非常规设计尺寸一般原则是：性能尺寸、配合尺寸、定位尺寸圆整时，允许保留到小数点后一位；个别关键性尺寸允许保留到小数点后两位，其余尺寸保留整数。

（2）公差确定

配合尺寸按配合要求确定公差值；有尺寸链关系的尺寸按尺寸链计算确定。

技术要求：参照夹具设计相关资料确定配合、形位公差；难以标注的形位公差，可用文字说明；需特殊方法进行加工或装配的要求，应加以说明；有特殊要求的夹具使用说明等。

2. 学生结合实物，确定相关技术要求。

参照夹具设计资料及"互换性与技术测量"课程方法加以确定。

3. 学生分析相关夹具结构，提出改进设计建议。

可以从零件加工工艺性、夹具装配工艺性及夹具使用的可靠性、效率等多方面考虑。

4. 绘制夹具总体装配图及零件图。

图纸按相关设计规范执行，装配图应标注的尺寸有：① 夹具的轮廓尺寸；② 工件与定位元件间的联系尺寸；③ 夹具与刀具的联系尺寸；④ 夹具与机床的联系尺寸；⑤ 装配尺寸与配合尺寸。图纸表达应做到完整、规范。

五、思考题及实验结果分析

1. 原有夹具分析及改进建议。
2. 完成改进后夹具的总体装配图及零件图（三维或二维）。

另附夹具技术要求相关资料如表4-2~表4-11，供参考。

表 4 – 2　　　　　　　　　　　　夹具上常用配合的选择

工作形式	精度要求		示例
	一般精度	较高精度	
定位元件与工件定位基准间	$\dfrac{H7}{h6}$，$\dfrac{H7}{g6}$，$\dfrac{H7}{f7}$	$\dfrac{H6}{h5}$，$\dfrac{H6}{g5}$，$\dfrac{H6}{f5}$	定位销与工件基准孔
有引导作用并有相对运动的元件间	$\dfrac{H7}{h6}$，$\dfrac{H7}{g6}$，$\dfrac{H7}{f7}$ $\dfrac{H7}{h6}$，$\dfrac{G7}{h6}$，$\dfrac{F7}{h6}$	$\dfrac{H6}{h5}$，$\dfrac{H6}{g5}$，$\dfrac{H6}{f6}$ $\dfrac{H6}{h5}$，$\dfrac{G6}{h5}$，$\dfrac{F6}{h5}$	滑动定位件 刀具与导套
无引导作用但有相对运动的元件间	$\dfrac{H7}{f9}$，$\dfrac{H9}{d9}$	$\dfrac{H7}{d8}$	滑动夹具底座板
没有相对运动的元件间	$\dfrac{H7}{n6}$，$\dfrac{H7}{p6}$，$\dfrac{H7}{r6}$，$\dfrac{H7}{s6}$，$\dfrac{H7}{u6}$，$\dfrac{H8}{t7}$（无紧固件） $\dfrac{H7}{m6}$，$\dfrac{H7}{k6}$，$\dfrac{H7}{js6}$，$\dfrac{H7}{m7}$，$\dfrac{H8}{k7}$（有紧固件）		固定支承钉 定位销

表 4 – 3　　　　　　　　　　　　钻床夹具技术条件示例

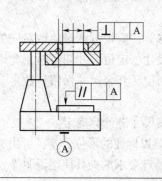
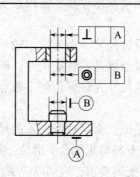
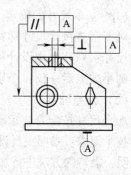
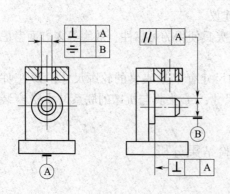
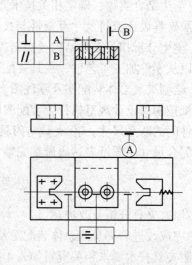

表 4 – 4　　　　　**钻套中心距或导套中心到定位基面的制造公差**　　　单位：mm

工件孔中心距或中心到基面的公差	钻套中心距或导套中心到定位基面的制造公差	
	平行或垂直时	不平行或不垂直时
± 0.05 ~ ± 0.10	± 0.005 ~ ± 0.02	± 0.005 ~ ± 0.015
± 0.10 ~ ± 0.25	± 0.02 ~ ± 0.05	± 0.015 ~ ± 0.035
0.25 以上	± 0.05 ~ ± 0.10	± 0.035 ~ ± 0.08

表 4 – 5　　　　　**钻套中心对夹具安装基面的相互位置要求**　　　单位：mm/100mm

工件加工孔对定位基面的垂直度要求	钻套轴心线对夹具安装基面的垂直度要求
0.05 ~ 0.10	0.01 ~ 0.02
0.10 ~ 0.25	0.02 ~ 0.05
0.25 以上	0.05

表 4 – 6　　　　　　　　　　　**铣床夹具技术条件示例**

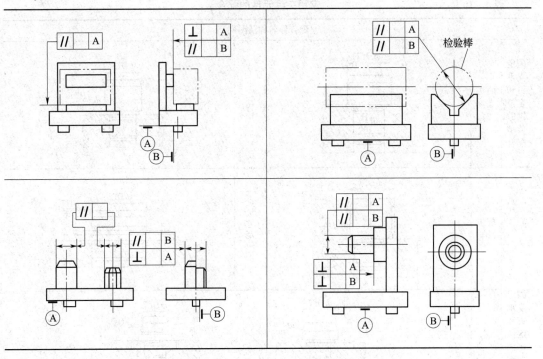

表 4 – 7　　　　　**按工件公差确定夹具对刀块到定位表面制造公差**　　　单位：mm

工件的公差	对刀块对定位表面的相互位置	
	平行或垂直时	不平行或不垂直时
~ ± 0.10	± 0.02	± 0.015
± 0.1 ~ ± 0.25	± 0.05	± 0.035
± 0.25 以上	± 0.10	± 0.08

表4-8　　　　　　对刀块工作面、定位表面和定位键侧面的技术要求

工作加工面对定位基准的技术要求/mm	对刀块工作面及定位键侧面对定位表面的垂直度或平行度/（mm/100mm）
0.05 ~ 0.10	0.01 ~ 0.02
0.10 ~ 0.20	0.02 ~ 0.05
0.20 以上	0.05 ~ 0.10

表4-9　　　　　　夹具技术条件参考数值　　　　　　单位：mm

技术条件	参考数值
同一平面上的支承钉和支承板的等高公差	0.02
定位元件工作表面对夹具体底面的平行度或垂直度	0.02:100
钻套轴心线对夹具体底面的垂直度	0.05:100
定位元件工作表面对定位键槽侧面的平行度或垂直度	0.02:100
对刀块工作表面对定位元件工作表面的平行度或垂直度	0.03:100
对刀块工作表面对定位键槽侧面的平行度或垂直度	0.03:100

表4-10　　　　　　常用夹具元件的配合

配合件名称及图例

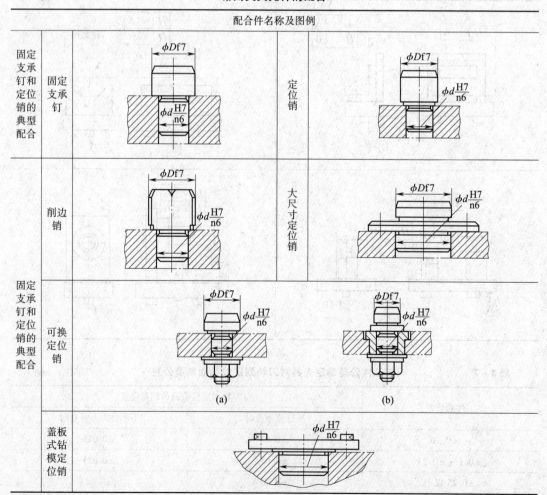

表 4 – 11　　　　　　　　　　　　　　　固定式导套的配合

结构简图	工艺方法		配合尺寸		
			d	D	D_1
	钻孔	刀具切削部分引导	$\dfrac{F8}{h6}$，$\dfrac{G7}{h6}$	$\dfrac{H7}{g6}$，$\dfrac{H7}{f7}$	$\dfrac{H7}{r6}$，$\dfrac{H7}{s6}$，$\dfrac{H7}{n6}$
		刀具柄部或刀杆引导	$\dfrac{H7}{f7}$，$\dfrac{H7}{g6}$		
	铰孔	粗铰	$\dfrac{G7}{h6}$，$\dfrac{H7}{h6}$	$\dfrac{H7}{g6}$，$\dfrac{H7}{h6}$	
		精铰	$\dfrac{G6}{h5}$，$\dfrac{H6}{h5}$	$\dfrac{H6}{g5}$，$\dfrac{H6}{h5}$	$\dfrac{H7}{r6}$，$\dfrac{H7}{n6}$
	镗孔	粗镗	$\dfrac{H7}{h6}$	$\dfrac{H7}{g6}$，$\dfrac{H7}{h6}$	
		精镗	$\dfrac{H6}{h5}$	$\dfrac{H6}{g5}$，$\dfrac{H6}{h5}$	

第五章 互换性与技术测量实验

第一节 长 度 测 量

一、实 验 目 的

1. 了解轴零件的尺寸和形状误差的测量方法。
2. 了解光学比较仪的原理、调整和测量方法。
3. 巩固轴零件有关尺寸及形位公差的概念，学会由测得数据判断零件合格性的方法。

二、实验基本原理

利用光学比较仪放大微小位移，评价轴类零件的形位误差。

三、实 验 设 备

1. 立式光学比较仪概述

立式光学比较仪，如图 5-1 所示，用于长度测量，其测量方法属接触测量，一般用于相对测量法测量轴的尺寸。光学比较仪是一种精度较高、结构简单的常用光学仪器，除主要用于轴类零件的精密测量外，还用来检定 5 等（3、4 级）量块。

仪器的基本度量指标如下：

分度值：0.001mm；示值范围：±0.1mm；测量范围：最大直径 150mm，最大长度 180mm；仪器不确定度：0.25μm；仪器的示值不稳定性：0.1μm。

2. 测量原理

光学比较仪是利用光线反射现象产生放大作用（或称光学杠杆放大原理）进行测量的仪器。其光学系统如图 5-2 所示。

由白炽灯泡 1 发出的光线经过聚光镜 2 和滤色片 6，再通过隔热玻璃 7 照明分划板 8 的刻线面，再通过反射棱镜 9 后射向准直物镜 12。由于分划板 8 的刻线面置于准直物镜 12 的焦平面上，所以成像光束通过准直物镜 12 后成为一束平行光入射于平面反光镜 13 上，根据自准直原理，分划板刻线的像被平面反光镜 13 反射后，再经准直物镜 12 被反射棱镜 9 反射成像在投影物镜 4 的物平面上，然后通过投影物镜 4，直角棱镜 3 和反光镜 5 成像在投影屏 10 上，通过读数放大镜 11 观察投影屏 10 上的刻线像。

由于测帽 15 接触工件后，其测量杆 14 使平面反光镜 13 倾斜了一个角度 α，在投影屏上就可以看到刻线的像也随着移动了一定的距离，其关系计算如图 5-3。

s 为被测尺寸变动量，t 为标尺像相应的移动距离，物镜至分划板刻线面间的距离 F 为物镜焦距，设测杆至反射镜支承的距离为 α，则放大比 K 为

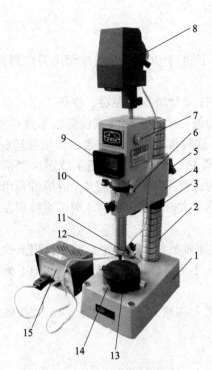

图 5 - 1　仪器外观及主要部分

1—底座　2—立柱　3—粗调螺母　4—横臂
5—锁紧螺钉　6—微动托盘及固定螺钉
7—零位微动旋钮　8—投影灯　9—视窗
10—测量管固定螺钉　11—测帽提升器
12—测帽　13—工作台
14—工作台调整螺钉　15—变压器

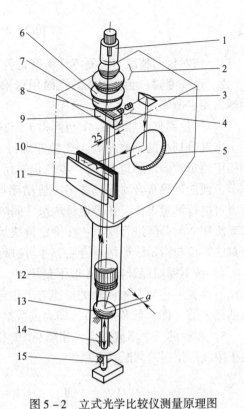

图 5 - 2　立式光学比较仪测量原理图

1—光源　2—聚光镜　3—直角棱镜
4—投影物镜　5—反光镜　6—滤色片
7—隔热玻璃　8—分划板
9—反射棱镜　10—投影屏　11—读数放大镜
12—准直物镜　13—平面反光镜
14—测量杆　15—测帽

$$K = \frac{t}{s} = \frac{F \cdot \tan 2\alpha}{a \cdot \tan \alpha}$$

由于 α 角一般很小，可取 $\tan 2\alpha = 2\alpha$，$\tan \alpha = \alpha$，所以 $K = \dfrac{2F}{a}$

假设投影物镜放大比为 v_1，读数放大镜的放大比为 v_2

则投影光学计的总放大比 $K' = K \cdot v_1 \cdot v_2$

令比较仪物镜焦距 $F = 200\text{mm}$，$a = 5\text{mm}$，$v_1 = 18.75$，$v_2 = 1.1$，则

$$K' = 1650$$

由此可知，当测杆移动一个微小的距离 0.001mm，经放大后，就相当于在投影屏上所看到的 1.65mm 的距离。

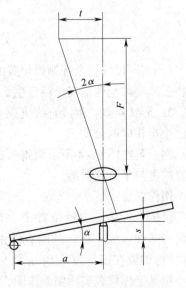

图 5 - 3　测量关系示意图

四、实验步骤

1. 核对仪器精度与被测零件精度是否合适。

2. 选择测帽：测平面或圆柱面用球形测帽；测小于 10mm 的圆柱面用刀口形测帽；测球面用平测帽。

3. 零位调整：如图 5–1 当测帽 12 与被测工件（量块）接触后，校正工作台至投影屏上出现分划板的刻线像时，先松开螺钉 10 转动偏心手轮使刻线零位与指示线相重合，当固定测量管固定螺钉 10 时，零位仍有所偏移。这时再通过壳体右侧的零位微动旋钮 7 调节，便能准确重合对零，并多次拨动测帽提升器 11，刻线零位与指示线多次严格重合后方可进行测量工作。在检定量块尺寸间隔较小时，就不必升降横臂 4，应尽量利用偏心微动旋钮 7 的升降进行测量；在检定量块尺寸间隔较大时应升降横臂 4 时，应特别注意调整刻线零位与指示线严格重合后，才可进行测量。

4. 按下螺帽提升器 11，取下量块组，并将被测轴放在工作台上，并在测帽下面来回移动（注意一定要是被测轴的母线与工作台接触，不得有任何跳动或倾斜），记下标尺读数的最大值（即读数转折点），即为读数结果。

5. 在轴的三个横截面上，相隔 90° 的径向位置上共测 12 点，如图 5–4。并按轴的验收极限及形位误差判断其合格性。

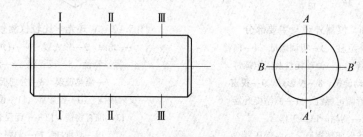

图 5–4　测点位置示意图

五、实验结果分析及合格性评价

1. 实际尺寸：全部测量位置的实际尺寸应满足最大、最小极限尺寸。考虑测量误差，合格公差应减小两倍安全裕度值，即实际尺寸应满足验收极限，如图 5–5 所示。

2. 形状误差：素线直线度误差，素线平行度误差应小于相应的公差。

例：若按图 5–4 所示测得数据如表 5–1 所列，求直线度与平行度误差。

用作图法：

以横坐标代表测量位置 Ⅰ、Ⅱ、Ⅲ，坐标轴的方向与基准直线平行，基准直线由仪器工作台模拟（此坐标轴取在偏差为 –30μm 处）。

以纵坐标代表实际偏差作图，如图 5–6。

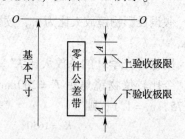

图 5–5　验收极限尺寸示意图

上验收：es – A　下限收收：ei + A

A——安全裕度，A：T/10，T 为零件尺寸公差

表 5－1　　　　　　　　　　　　　　实验数据记录表

测量方向	实际偏差/μm		
	Ⅰ	Ⅱ	Ⅲ
A—A′	－30	－31	－32
A′—A	－31	－33	－32
B—B′	－30	－31	－35
B′—B	－29	－32	－29

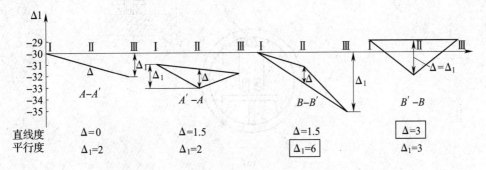

图 5－6　作图法示意图

素线直线度误差，按最小包容区域的宽度 Δ，取各个方向上的最大值，$f = 3\mu m$。

素线平行度误差，按定向最小包容区域的宽度 Δ_1 确定，取各个方向上的最大值，$f_1 = 5\mu m$。

第二节　孔径测量

一、实验目的

1. 了解零件中孔的尺寸和形状误差的测量方法。
2. 了解内径百分表的原理、调整和测量方法。
3. 巩固零件中孔有关尺寸及形位公差的概念，学会由测得数据判断孔合格性的方法。

二、实验基本原理

内径百分表是在生产过程中测量孔径的常用仪器，它由指示表和装有杠杆系统的测量装置所组成。图 5－7（a）所示为内径百分表结构示意图，被测孔径大小不同，可以选用不同长度的固定量柱。每一仪器都附有一套固定量柱以备选用。仪器的测量范围取决于固定量柱的范围。

活动量柱的移动可经杠杆系统传给指示表。内径百分表的两测头放入被测孔内后，应位于被测孔的直径方向上，这是由弦片来保证的，见图 5－7（b）。弦片借弹簧力始终和被测孔接触，其接触点的连线和直径是垂直的，这样就可使量柱位于被测孔的直径上。

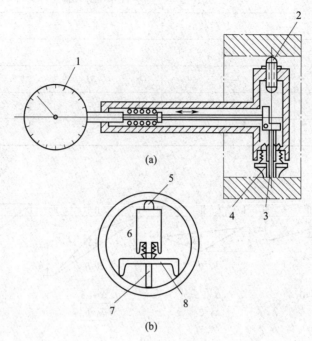

图 5 - 7　内径千分表结构示意图

1—千分表　2，5—固定量柱　3—活动量柱　4—弦板　6—弹簧　7—活动量柱　8—弦片

圆柱在孔的纵断面上也可能倾斜，如图 5 - 8（a）所示。所以在测量时应将量杆摆动，以指示表的最小值为实际读数（即指针转折点的位置）。

用内径百分表测量孔径是属于相对测量法，也是接触量法。因此，在测量零件之前应该用标准环或用量块组成一标准尺寸置于量块夹中，调整仪器的零点如图 5 - 8（b）所示。

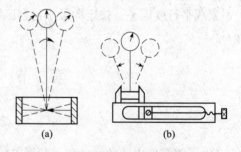

图 5 - 8　指示表的零点调整示意图

三、实 验 仪 器

内径百分表。

四、实 验 步 骤

1. 根据被测轴套基本尺寸，选择相应的固定量柱旋入量杆的头部。

2. 按轴套的基本尺寸选择量块，擦净后组合于量块夹中。用图 5 - 8（b）所示方法调整指示表的零点。

3. 按图 5 -8（a）所示方法测量轴套，按指示表的最小示值读数。

4. 按图 5 -9 所示，在孔的三个截面两个方向上，共测 6 个点。按孔的验收极限及圆度公差判断其合格性。

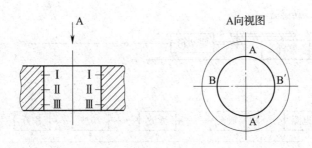

图 5 - 9 测点分布示意图

五、思考题及实验结果分析

1. 局部实际尺寸：全部测量位置的实际尺寸应满足最大、最小极限尺寸。考虑测量误差，局部实际尺寸应满足验收极限（与轴同）：

$$ES - A \geq E_a \geq EI + A$$

2. 形状误差：用内径百分表测孔，为两点法，其圆度误差为在同一横截面位置的两个方向上的测得的实际偏差之差的一半。取各测量位置的最大误差值作为圆度误差，其值应小于圆度误差。

第三节　轮廓仪测量表面粗糙度

一、实　验　目　的

1. 熟悉表面粗糙度的主要评定参数。
2. 掌握用电动轮廓仪测量表面粗糙度的方法。

二、实　验　原　理

电动轮廓仪主要是按轮廓的平均算术偏差 R_a 来测定表面粗糙度的。按传感器工作原理分为电感式、感应式及压电式多种。下面以压电式 2221 型电动轮廓仪为例简要说明其测量原理。

本仪器由传感器、驱动箱、电器箱三个基本部件组成。设有 2.5mm、0.8mm 及 0.25mm 三种取样长度，测量范围为 $R_a = 0.04 \sim 2.5 \mu m$。仪器可测直径 $\geq 3mm$ 的小孔和直径 $> 7.5mm$ 的深孔表面（深度可达 380mm）。其原理示意图如图 5 - 10 所示。

1. 传感器。原理如图 5 - 11 所示。

当触针沿零件表面轮廓滑行而产生上下位移时，压电晶体片的片端就产生变形，于是在压电晶体表面的电极间，就产生与变形成比例的电荷。此电荷输出经放大、滤波、检波、积分运算等处理后，直接在仪器电器箱的读数表（平均表）上指示出 R_a 来。

仪器有两种传感器：

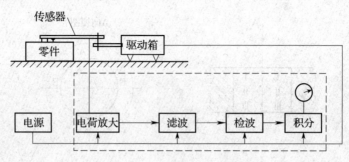

图 5 – 10　电动轮廓仪测量原理图

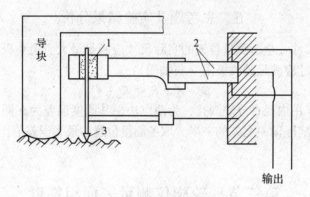

图 5 – 11　传感器原理图

1—硅脂　2—压电晶体　3—触针

A 型标准传感器，可测孔径≥3mm，一般用于测量 R_a 在 2.5μm 以下的表面粗糙度。

B 型雪橇传感器，测量 $R_a = 0.63 \sim 20$μm 的表面粗糙度。

2. 驱动箱。它使传感器在被测表面上作直线往复运动，其上有两个变速位置 V_G 为快速（4.5mm/s）；V_D 为慢速（1.5mm/s）。行程长度有三种：2mm、4mm、7mm，由电器箱面板上三个按键开关 7 来控制。

3. 电器箱。如图 5 – 12 所示。

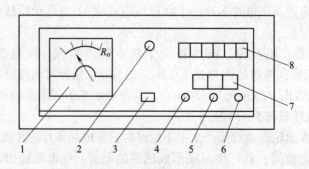

图 5 – 12　电器箱前面板

1—平均表　2—指示灯　3—电源开关　4—调零旋钮

5—复零按钮　6—传感器接头座　7—评定长度行程开关

8—测量范围按键开关［共 6 挡（0.1 ~ 30μm）分别控制平均表 1 的示值范围］

三、实 验 设 备

电动轮廓仪。

四、实 验 步 骤

1. 根据零件的形状和表面粗糙度的情况，选择合适的传感器，并用导线和电器箱连接。

2. 将连上线的传感器插入夹头内，并挂入夹持器体的斜槽上。在不测量时，一般是将传感器放在垂直位置。

3. 将仪器所带之标准样块放在工作台上，将传感器轻放在它上面（防止碰坏金刚石测针）。此时应使传感器与样块表面相平行，并注意使传感器导头和测针与样块表面垂直（不得有目力可见的明显倾斜），置于样块线纹区内。

4. 打开开关3（图5-12），指示灯亮了，表示可以进行测量。按动驱动箱上的启动按钮，仪器即对样块进行测量。测量值由指示表的指针指示。若测量值与样板上标称值不符，则应调整电器箱后面板上的"放大比调整"的电位器，使其读数与样块上的标称值一致，至此仪器调整完毕。

5. 换上被测工件，并按表5-2选择合适的测量范围、取样长度及相应的驱动速度。各按钮经检查无误后，按动驱动箱上的行程开关，即对工件进行测量，由平均表读出 R_a 值。

表5-2　　　　　　　　　　　　　　　电器箱参数选择

$R_a/\mu m$ 不大于	电　器　箱					驱动箱拖动速度（推钮位置）
	测量范围（挡位）/μm	取样长度/mm	有效行程			
			2	4	7	
20	0~30	2.5			B型	1. 凡是用有效行程为2mm挡时，只能用慢速 $V_D 1.5 mm/s$ 2. 4.7 行程挡只能用快速 $V_D 4.5 mm/s$
10	0~10					
5						
2.5	0~3	0.8	A型			
1.25						
0.63	0~1					
0.32	0~0.3	0.25				
0.16						
0.08	0~0.1					
0.04						

6. 实验完毕后，切断电源，使电感器重新回到原来的垂挂位置。

五、思考题及实验结果分析

1. 总结表面粗糙度的主要评定参数。

2. 简述电动轮廓仪测量表面粗糙度的方法。

第四节　双管（光切法）显微镜测量表面粗糙度

一、实　验　目　的

1. 熟悉表面粗糙度的主要评定参数。
2. 掌握双管显微镜测量表面粗糙度的方法。

二、实验基本原理

1. 仪器概述

双管显微镜是根据"光切法原理"制成的光学仪器，一般用它测量表面不平度平均高度 R_z。其测量范围取决于选用的物镜放大倍数，通常适合于测量 $R_z = 0.8 \sim 80\mu m$ 的表面粗糙度（有时也可用来测量零件刻线的槽深等）。

仪器的主要性能指标如表 5 – 3 所示。

表 5 – 3　　　　　　　　　　双管显微镜主要性能指标

物镜放大倍数 r^*	7 ×	14 ×	30 ×	60 ×
视场直径/mm	2.5	1.3	0.6	0.3
测量范围 R_z/μm	80 ~ 10	20 ~ 3.2	6.3 ~ 1.6	3.2 ~ 0.8
目镜套筒分度值/μm	1.26	0.63	0.294	0.145

仪器外形及各部分功能见图 5 – 13 及其说明。

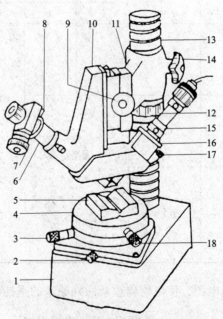

图 5 – 13　仪器外形及各部分功能

1—底座　2—工作台紧固螺钉　3、18—工作台纵、横移动千分尺　4—工作台　5—V 形铁　6—物镜管
7—目镜　8—紧固螺钉　9—物镜工作距离调节手轮　10—镜管支架　11—支臂　12—支臂升降调节环
13—立柱　14—支臂锁紧手柄　15—光源管　16—光源物镜调节环　17—光源投射方向调节螺钉

2．测量原理

利用光切法测量表面粗糙度的原理如图 5－14 所示。光线经狭缝形成一条扁平的带状光束，以 45°的角度投射到被测表面上，有如一平面以 45°方向与被测表面相截，如图 5－14（b）。由于被测表面并非理想平面，因此截面与被测表面的交线就出现凹凸不平的轮廓线。在另一 45°方向观察，就可以见到该轮廓线的影像，此凹凸不平即反映被测表面的不平度，由图 5－14（a）其高度

$$h' = \frac{h}{\cos 45°}N \text{ 或 } h = \frac{h'\cos 45°}{N}$$

式中，h'——45°方向上的影像高度

影像高度 h' 是用目镜测微器来测量的，由于测微器中的十字刻线与测微器读数方向成 45°，所以，当用十字线中的任一直线与影像峰、谷相切来测量波高时，波高 $h' = h'' \cdot \cos45°$，为刻线移过的实际距离，即测微器两次读数差，如图 5－14（c），所以被测表面凹凸不平的高度为

$$h = \frac{h'' \cdot \cos45° \cdot \cos45°}{N} = \frac{1}{2N} \cdot h''$$

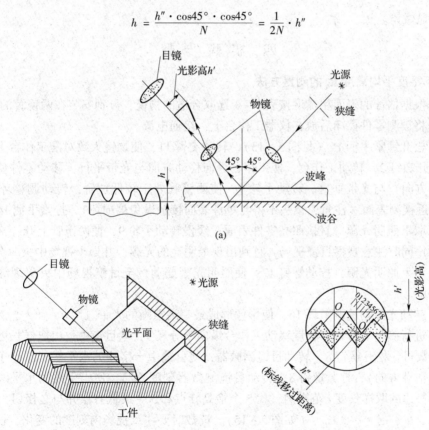

图 5－14　光切法测量表面粗糙度的原理

测微器刻度套筒每转一格，十字刻线在目镜视场内沿移动方向移动的距离为 0.01μm 或 10μm。相应于被测表面上的 h 值，即仪器的分度值 E 为

当 $\Gamma = 7$ 时（$N \approx 4$），$E = \frac{1}{2N} \times 10 \approx 1.26$（μm）

式中，Γ——仪器的标称放大倍数

N——物镜的实际放大倍数

$$\Gamma = 14 \text{ 时 } (N \approx 8), \quad E = 0.63\mu m$$

$$\Gamma = 30 \text{ 时 } (N \approx 17), \quad E = 0.294\mu m$$

由此可见，分度值随物镜的实际放大倍数不同而不同。测量时，根据所选用的物镜标称放大倍数由表 5-3 查。应该指出，由于物镜放大倍数及测微千分尺，在制造与调整中有误差，所以新置仪器或较长时间未用过的仪器，其分度值应该进行检定（检定方法略）。

由上述可知，零件表面不平度的高度 h 等于测微器两次读数差（套筒实际转过的格数）K 乘以分度值 E。即

$$h = K \cdot E$$

式中，K——十字刻线分别与影像峰、谷相切时，测微套筒转过的格数

三、实 验 仪 器

双管显微镜。

四、实 验 步 骤

1. 不平度平均高度 R_z 的测量方法

（1）根据估计的表面粗糙度按表 5-3 选取合适的物镜，分别安装在两镜管的下端。

（2）将被测零件擦净后放在仪器工作台上，接通电源。

（3）松开锁紧手柄 14（见图 5-13），转动支臂 11，使物镜大致对准工作台上的被测表面。松开螺钉 2，转动工作台，使工作台纵向移动方向与光带平行，移动零件使加工痕迹（刀纹方向）与光带垂直。转动手轮 9，使两镜管处于较低位置，转动调整环 12，使两物镜接近被测表面（注意，镜头不得与零件表面接触以免被损坏），拧紧手柄 14。

（4）取下照明光源；直接照亮零件表面，缓慢转动手轮 9，使两镜管上升（离开零件表面方向）同时注意观察目镜视场，直到出现最明亮的光影，并处于视场中央时为止。

（5）装上照明光源，拧动螺钉 17，使照明光管摆动，至目镜视场中央出现绿色光带影像时为止。

（6）转动光源物镜调节环 16，使影像形成最窄最清晰的光带。

（7）进行测量。按取样长度移动工作台纵向千分尺 3，从目镜中数出取样长度大约包含的波纹数目。松开螺钉 8，转动目镜测微器，使目镜中十字线的水平线，平行于光带轮廓中线（估计方向），拧紧螺钉 8。转动目镜测微器刻度套筒，使十字线的水平线在光带最清晰的一边的取样长度 l 范围内，找 5 个最高峰点和 5 个最低谷点并与之相切，读出 10 个读数 a_1，a_2，a_3，…，a_{10}，（如图 5-15）。读数时要注意视场内刻度的变化，视场内每变化一格，套筒即转过一周（即 100 格），以套筒格数为读数单位，所以，每次读数应为视场内读数与套筒上的读数之和，如图 5-16 之读数为 $a = 339$。于是有

$$R_z = \frac{\sum_{1}^{5} a_i - \sum_{5}^{10} a_i}{5} \times E$$

式中，E——仪器的分度值

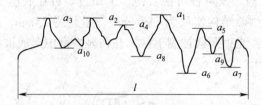

图 5 – 15　测量示意图

（8）在评定长度范围内，测出 n 个取样长度的 R_z 值（如图 5 – 16），取其平均值作为测量结果：

$$R_Z = \frac{R_{Z1} + R_{Z2} + R_{Z3} + \cdots + R_{Zn}}{n}$$

2.　单峰平均间距 s' 的测量方法

用目镜显微镜中的垂直线，对准光影的第一个峰，从工作台的纵向千分尺上，读出第一个读数 s_1。纵向移动工作台在取样长度范围内，用垂直线数出 n 个单峰后并对准。从纵向千分尺上读出第 n 个单峰的读数 s_n。单峰平均间距

$$s' = \frac{s_n - s_1}{n - 1}$$

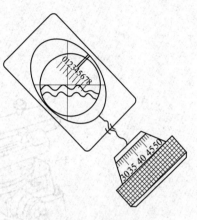

图 5 – 16　读数示意图

五、思考题及实验结果分析

1. 总结双管显微镜测量表面粗糙度的方法。
2. 比较不同的粗糙度测量方法的适用场合。

第五节　工具显微镜测量螺纹

一、实　验　目　的

熟悉小型工具显微镜的原理和使用方法。

二、实　验　原　理

一般精度的螺纹零件，特别是内螺纹，多采用综合检验来评定其合格性，以提高测量效率。然而，对于某些高精度螺纹零件，如螺纹塞规、螺纹刀具及丝杠等，则需采用单项测量。主要被测几何参数有：中径 d_2、螺距 p 和半角 $\frac{\alpha}{2}$ 等。目前生产中常用工具显微镜测量外螺纹中径、螺距和半角。

工具显微镜分大型、小型、万能型和重型等不同的类型，不同类型工具显微镜的测量范围和测量精度不同，但工作原理基本相同，都是具有光学放大投影成像的坐标式计量仪器。

图 5-17 所示的是小型工具显微镜。主要组成部分有底座、工作台、立柱、横臂、工作台纵横移动的测微机构以及各种可换目镜。工作台 3 可在底座 1 的导轨上作纵横向移动，纵向和横向移动的测微结构实质为一千分尺，量程为 25mm，刻度值为 0.01mm。仪器的照明系统在后下方，光束照射被测工件，并在显微镜中形成被测件的轮廓的影像。其光学系统如图 5-18 所示。

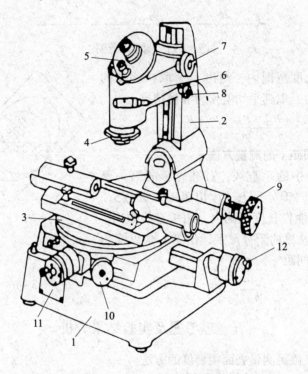

图 5-17　小型工具显微镜结构图

1—底座　2—立柱　3—工作台　4—显微镜　5—测角目镜　6—横臂　7—横臂升降手轮

8—横臂锁紧旋钮　9—立柱升降手柄　10—工作台水平回转手柄　11、12—横向与纵向移动测微器

光源 1 通过聚光镜 2、可变光阑 3、滤光片 4 和反射镜 5 照射于玻璃工作台 7 上的被测件，光束瞄准显微镜系统的物镜 8 再由棱镜 9 的转折将被测件清晰地成像在米字分划板 10 上，最后由目镜 11 进行观察。

本实验有关的测角目镜外形见图 5-19（a）。目镜内装有一玻璃圆盘，其上刻有一个十字虚线，若干条垂直的虚线和两条交叉成 60° 的实线（米字线），这可从中央目镜 2 中看到。圆盘上还有 360 条刻度线，从角度目镜 3 内可看到 2~3 条刻度线的放大像和 61 条短刻线，它将 1° 分为 60 等分，每格 1′。测量时可利用手轮 1 转动刻度盘，米字线的转动角度可从角度目镜 3 内观察读出。

用工具显微镜测量外螺纹常用的测量方法有影像法、轴切法和干涉法。本实验采用影像法。

影像法测量零件，对螺纹零件最好采用对焦杆调节物镜焦距，即在测量前先用对焦杆调焦，再放上被测件测量。

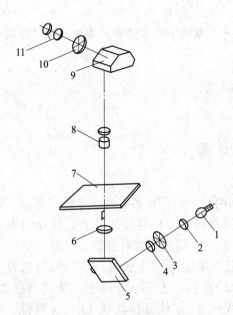

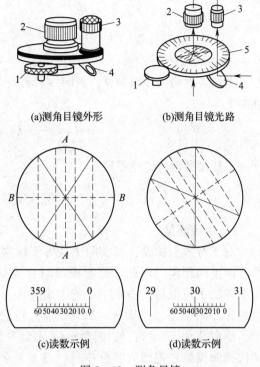

(a)测角目镜外形   (b)测角目镜光路

(c)读数示例   (d)读数示例

图 5 - 18   小型工具显微镜光学系统

1—光源   2、6—聚光镜   3—可变光阑

4—滤光片   5—反光镜   7—玻璃工作台

8—物镜   9—棱镜

10—米字分划板   11—目镜

图 5 - 19   测角目镜

1—滚花手轮   2—中央目镜   3—角度目镜

4—反射镜   5—圆度刻盘

由于影像法测量圆柱形或螺纹零件时，测量误差与仪器光圈大小有关，因此还应调节仪器光圈的大小。实验时应选的光圈大小可从工具显微镜备有的光圈与被测件直径对应表中查出。

由于螺纹零件有螺旋升角 ψ，因此测量时要将仪器立柱倾斜 ψ 角，使光线沿螺旋线方向射入物镜以达到影像清晰而不发生畸变的目的。立柱的倾斜方向不但与螺纹旋向有关，而且在分别测量同一螺纹对径位置上的两个牙侧时应该反向。图 5 - 20 为测量右旋螺纹时立柱应当倾斜的两个不同方向。当测量图 5 - 20（a）位置时立柱同物镜一起向左倾斜；当测量图 5 - 20（b）位置时立柱同物镜一起向右倾斜。测量左旋螺纹时，立柱倾斜方向与上述相反。

螺旋升角 ψ 可按下式计算：

$$\tan\psi = \frac{nP}{\pi d_2}$$

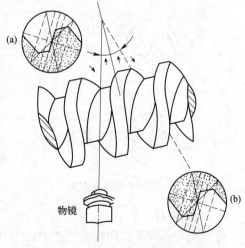

图 5 - 20   测量右旋螺纹时立柱应
当倾斜的两个不同方向

式中，P——螺距

    n——线数

    ψ——螺旋升角

    d_2——中径

上述各项均须仔细调整，否则将引起较大误差。现就中径、螺距，半角的测量分别叙述如下。

三、实 验 设 备

工具显微镜，螺纹零件。

四、实 验 步 骤

1. 中径测量

对于奇数头螺纹，其实际中径等于轴向截面内任一对径位置上两个牙侧在垂直于轴线方向上的距离。因此，测量中径时首先要在纵横两个方向移动工作台，转动测角目镜下方的手轮使目镜中米字线的中虚线 $A—A$ 与某一牙侧的影像对准重合，且米字线交点约在牙侧中部，见图 5 – 21 中（a）位置，记下横向第一个读数；然后纵向位置不动，横向移动工作台，使中虚线 $A—A$ 至图 5 – 21 中（b）位置，记下横向第二个读数。两次横向读数之差即为实际中径。注意：米字线从（a）位置移动到（b）位置时，应将立柱反向倾斜。

由于零件安装于顶针时零件轴线与工作台的纵向移动方向可能不平行（称安装误差），如图 5 – 22 所示，因此任意测量一个中径值就将其作为测量结果，必将带来测量误差。从图中可以看出 $d'_2 < d_{2实}$，$d''_2 > d_{2实}$。为减少安装误差对测量结果的影响，对普通螺纹需分别测出 d'_2 及 d''_2，取二者的平均值作为实际中径 $d_{2实}$。所以

$$d_{2实} = \frac{d'_2 + d''_2}{2}$$

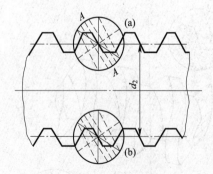

图 5 – 21　螺纹中径测量方法

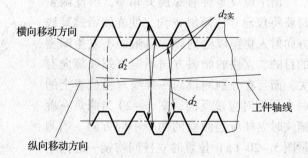

图 5 – 22　安装误差对测量结果的影响

2. 螺距测量

螺距是相邻两牙的同侧牙侧在中径线上的轴向距离。由此可知，螺距的测量与中径测量类似。只是螺距测量要保持工作台横向位置不变，仅做纵向移动。相邻两牙实际螺距为相应两次纵向读数之差，见图 5 – 23。

同样，为了消除被测螺纹的安装误差对测量结果的影响（图 5 – 24），对普通螺纹需分别测出 $P_左$、$P_右$，取其平均值作为实际螺距 $P_实$。

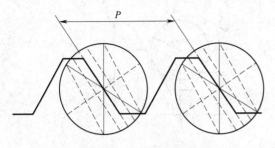

图 5 – 23　螺距测量示意图

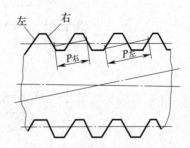

图 5 – 24　被测螺纹的安装误差对测量结果的影响

3. 牙型半角测量

牙型半角 $\dfrac{\alpha}{2}$，是在螺纹轴向截面内牙侧与螺纹的垂线的夹角。通常，牙型半角的测量是在螺距或中径测量过程中同时进行，即当中虚线与牙侧影像对准重合后，从测角读数目镜中读取角度数。同样，为消除工件安装误差对测量结果的影响，对普通螺纹需分别量出 $\dfrac{\alpha}{2}$I、$\dfrac{\alpha}{2}$II、$\dfrac{\alpha}{2}$III、$\dfrac{\alpha}{2}$IV，并取其平均值，见图 5 – 25。

图 5 – 25　半角测量

$$\frac{\alpha}{2}左 = \frac{\dfrac{\alpha}{2}\mathrm{I} + \dfrac{\alpha}{2}\mathrm{III}}{2}$$

$$\frac{\alpha}{2}右 = \frac{\dfrac{\alpha}{2}\mathrm{II} + \dfrac{\alpha}{2}\mathrm{IV}}{2}$$

五、思考题及实验结果分析

1. 总结小型工具显微镜的使用方法。
2. 螺纹测量的方法有哪些？

第六节　三针法测量外螺纹中径

一、实　验　目　的

掌握用三针法测量外螺纹中径的原理和方法。

二、实验基本原理

用量针测量螺纹中径，属于间接测量，其原理如图 5 – 26。测量时将三根直径相同的量针分别放入相应的螺纹沟槽内，用接触式仪器（如指示千分尺），测出辅助尺寸 M，根据 M、P、$\dfrac{\alpha}{2}$、以及 d_0 计算出中径 d_2，d_0 为量针直径。

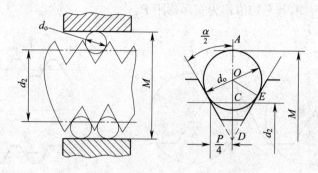

图 5 – 26 三针法测量外螺纹中径示意图

$$d_2 = M - 2AC = M - 2(AD - CD)$$

$$AD = AO + OD = \frac{d_0}{2} + \frac{d_0}{2} \cdot \frac{1}{\sin\frac{\alpha}{2}}$$

$$CD = \frac{P}{4} \cdot ctan\frac{\alpha}{2}$$

$$d_2 = M - d_0\left(1 + \frac{1}{\sin\frac{\alpha}{2}}\right) + \frac{P}{2} \cdot ctan\frac{\alpha}{2}$$

当 $\frac{\alpha}{2} = 30°$ 时

$$d_2 = M - 3d_0 + 0.866P$$

为了减小螺纹牙型半角误差对测量结果的影响，应使选用的量针与螺纹牙侧在中径处相切，此时的量针称为最佳量针。最佳量针直径 $d_{0佳}$ 为

$$d_{0佳} = \frac{P}{z\cos\frac{\alpha}{2}}$$

当 $\frac{\alpha}{2} = 30°$ 时

$$d_{0佳} = 0.577P$$

实际工作中可根据已算好的表格选择最佳量针直径，并根据被测件精度选择相应的量针精度。量针精度分两个等级：

0 级 用以测量中径公差 4 ~ 8 μm 的螺纹量规；

1 级 用以测量中径公差大于 8 μm 的螺纹量规。

量针结构形式有两种，见图 5 – 27 中（a）与（b）。使用量针时，首先根据被测螺纹参数选取最佳量针直径；当无最佳量针直径时，可用最接近最佳量针直径的量线代替。图（a）形式的量针使用时挂在量针挂架上，图（b）形式的量针安在仪器测头上。图（c）是用量针和指示千分尺进行中径测量的情形（被测螺纹量规没画）。

用量针测量螺纹中径，可用三根量针也可用两根量针。

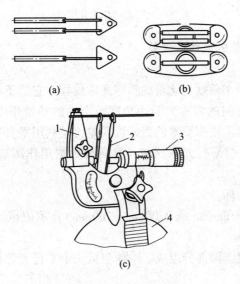

(a)　　　　　　(b)

(c)

图 5－27　量针与测量仪

1—量线挂架　2—量线　3—指示千分尺　4—尺座

三、实 验 仪 器

量针，螺纹零件。

四、实 验 步 骤

如图 5－26 和图 5－27 所示，进行螺纹量规中径的测量，测量结果取 n 次实际中径值的平均值。螺纹量规中径合格条件：

测量新制的螺纹量规按

$$M_{min} \leqslant M_{实} \leqslant M_{max}$$

测量使用过的螺纹量规按

$$M_{损} \leqslant M_{实} \leqslant M_{max}$$

五、思考题及实验结果分析

1. 将测量结果与前一实验测得的中径作一比较，分析影响测量精度的原因。
2. 比较不同的螺纹中径测量方法，说明各自的适用场合。

第七节　形状误差的测量

一、实 验 目 的

1. 了解形状误差的检测原则和基准的体现方法。
2. 掌握直线度、圆度及平面度误差的测量及数据处理。
3. 学会水平仪或平直仪的使用及平台测量工具的操作方法。

二、实验基本原理

1. 用平直仪测量导轨的直线度误差

（1）仪器概述

平直仪是一种测量微小角度变化量的精密光学仪器，它适于测量精密导轨的直线度误差（在垂直方向及水平方向的弯曲）及小角度范围内的精密角度测量，也常用于不接触的精密定位。用平直仪测量被测要素的直线度误差，是利用平直仪的平行光线模拟理想要素（直线），将被测要素与平行光线比较，将所得数据用作图法或计算法求出直线度误差值。

平直仪的基本度量指标：

分度值：$1'' \times$（0.005mm/m 或 0.001mm/200mm）；示值范围：± 500 分度值；测量范围（被测长度）：约 5m。

仪器由本体及反射镜座两部分组成，本体包括一个平行光管及一个读数显微镜，其光学系统如图 5 – 28 所示。

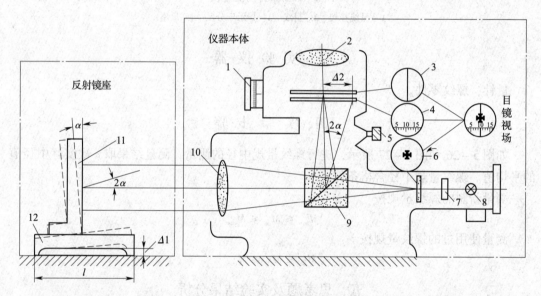

图 5 – 28　平直仪光学系统组成

1—读数鼓轮　2—目镜　3—可动分划板（刻有指标线）　4—固定分划板（刻有带数字 5～15 的刻线）
5—目镜头固定螺钉　6—十字分划板　7—滤光片　8—光源　9—立方棱镜　10—物镜　11—反射镜　12—桥板

光线由光源 8 发出，将位于物镜 10 焦平面上的十字分划板 6 上之十字线，经立方棱镜 9 及物镜 10 形成平行光线，达到反射镜 11。立方棱镜的对角面上镀有半透明膜。由反射镜 11 反射回来的光线，一半由此向上反射，聚焦成像在活动分划板 3 上。此分划板位于目镜 2 的焦平面上。从目镜现场中，可以同时看到可动分划板 3 上的指标线、固定分划板 4 上的数字刻线和十字分划板 6 在目镜视场中的十字影像。若反射镜 11 镜面与光轴垂直，光线经反射镜 11 反射后，仍由原光路经物镜至立方棱镜，则将指标线与十字影像对准时，指标线同时指在固定分划板 4 的 "10" 刻线上，且读数鼓轮的读数正好为 "0"。如图 5 – 29（a）所示。

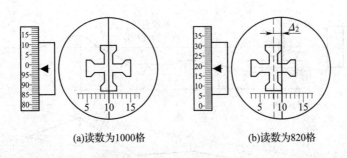

(a)读数为1000格　　　　　　　(b)读数为820格

图 5 - 29　平直仪读数示意图

若被测点位置使反射镜座倾斜 α 角，则经其反射后的光线，使活动分划板 3 上的十字像对固定分划板 "10" 刻线偏移 Δ_2。由丝杆测微机构测出此位移量 Δ_2，便可知道反射镜座相对于光轴（理想直线）的倾斜角 α，如图 5 - 29（b）所示。

仪器的角分度值为 1″，以弧度值表示为 $5 \times 10^{-8} \approx \tan 1″ = 0.005/1000 = 0.005 \mathrm{mm/m}$。当垫铁跨距为 200mm 时，仪器的分度值（线值）为 $200 \times 0.005/1000 = 0.001 \mathrm{mm}$，所以，测出了 Δ_2，也就测出了工件与垫铁两端接触点相对于光轴的高度差 Δ_1。

若被测点位置使反射镜座倾斜 α 角，则经其反射后的光线，使活动分划板 3 上的十字像对固定分划板 "10" 刻线偏移 Δ_2。由丝杆测微机构测出此位移量 Δ_2，便可知道反射镜座相对于光轴（理想直线）的倾斜角 α，如图 5 - 29（b）所示。

仪器的角分度值为 1″，以弧度值表示为 $5 \times 10^{-8} \approx \tan 1″ = 0.005/1000 = 0.005 \mathrm{mm/m}$。当垫铁跨距为 200mm 时，仪器的分度值（线值）为 $200 \times 0.005/1000 = 0.001 \mathrm{mm}$，所以，测出了 Δ_2，也就测出了工件与垫铁两端接触点相对于光轴的高度差 Δ_1。

（2）测量原理

用平直仪测量导轨直线度误差，是将被测要素全长，沿测量方向上等距各点的连线，相对于平行光线的角度变化，反映成高度变化。具体方法是，将安置仪器反射镜座的桥板，沿被测轮廓线上各测量点顺次移动，并从仪器读数机构中，读出桥板（与轮廓接触点）两端高度差 Δ_i，据此画出误差曲线，再按两端点连线法或最小包容区域法求得直线度误差值。

例如图 5 - 30（a），桥板的工作跨距 $L = 200 \mathrm{mm}$，导轨长度为 1000mm，将导轨分为 5 段。桥板在 0 ~ 1 位置时，读数为 1002（图 5 - 28 固定分划板上读数为 "10"，套筒 1 读数为 2），表明 0 ~ 1 两点连线与基准直线夹角为 2″，即 $\Delta_1 = +2 \mu \mathrm{m}$；桥板移至 1 ~ 2 位置时，读数为 1015，表明 1 ~ 2 两点连线与基准直线夹角为 +15″，即 $\Delta_2 = +15 \mu \mathrm{m}$；桥板在位置 2 ~ 3 时，读数为 995，即 $\Delta_3 = -5 \mu \mathrm{m}$；桥板在位置 3 ~ 4 时，读数为 1040，即 $\Delta_4 = +40 \mu \mathrm{m}$；桥板在 4 ~ 5 时，读数为 980，即 $\Delta_5 = -20 \mu \mathrm{m}$。

将各测定点读数及换算值列于表 5 - 4。根据表中数据画出误差曲线，如图 5 - 30 所示。按最小包容区域法求出直线度误差值 f_-。

$$f_- = 52 - 22 = 30（\mu \mathrm{m}）$$

2. 在光学分度头上，用指示表测量轴的圆度误差

光学分度头和机械式分度头作用是一样的。它可用来检查零件的中心角，或在加工中使零件转过一定的角度（例如制造花键轴、齿轮时的分度），也可在其他类似的工作中使用。

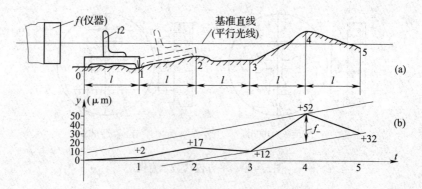

图 5 – 30　测量过程示意图

表 5 – 4　　　　　　　　　　　各测定点读数及换算值

测定点 i	0	1	2	3	4	5
读数 a_s	（1000）	1002	1015	995	1040	980
相对值 $\Delta_f / \mu m$	0	+2	+15	-5	+40	-20
累积值 $\Delta_r / \mu m$	0	+2	+17	+12	+52	+32

　　光学分度头的类型很多，但其测量原理基本相同。其共同特点是分度装置与传动机构无关，因此，传动机构的精度对分度精度没有影响。各种光学分度头的差别主要在于主轴结构、精度及其读数装置各不相同，从而使其测量精度也各不一样。其主要度量指标分度值，有 1′、10″、6″、5″、3″、2″、1″等。其测量误差最高可达 ±2″。由于用作圆度误差测量的分度头，其精度要求不高，所以，实验用的是分度值为 1′的光学分度头，其结构如图 5 –31 所示。

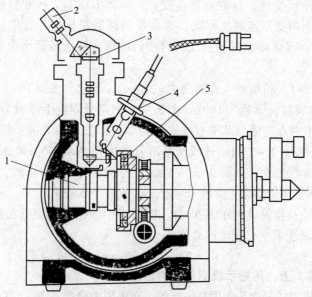

图 5 – 31　光学分度头结构示意图
1—主轴　2—目镜　3—玻璃片　4—光源　5—玻璃刻度板

光学分度头的分度盘，固定安装在主轴上，当主轴旋转时，玻璃刻度盘将随着一起转动，刻度盘上的刻线是以度为单位的。

由光源发出的光线，射到刻度盘上之后，经过一系列棱镜将刻线映于玻璃片 3 上，玻璃片 3 上有固定的以分为单位的刻度板，光线通过后也将其影像投于目镜内。目镜视场的图像见图 5 – 32，其读数为 24°33′。

图 5 – 32　目镜视场的图像

三、实　验　仪　器

平直仪、光学分度头，千分表。

四、实　验　步　骤

1．用平直仪测量导轨的直线度误差

（1）将平直仪沿导轨的长度方向固定在靠近被测导轨一端。

（2）接通电源。

（3）调整仪器目镜视度环，使活动分划板 3 上的指标线清晰。

（4）将桥板 12 放在图 5 – 30 中的 0 – 1 位置上，调整仪器本体及桥板，使从目镜中能看到十字刻线 6 的影像且位于视场中央。

（5）将桥板移至导轨另一端，要求在全长上都能从目镜中看到清楚的十字影像。如十字影像移出视场之外，可重调仪器的位置（调好后测量时不得再动）。

（6）将桥板再次放到 0 – 1 位置上（图 5 – 30）调节读数鼓轮，使指标线与十字影像对准，记下第一个读数 a_1。

（7）将桥板依次移至图 5 – 30（a）中之 1 – 2，2 – 3，3 – 4，4 – 5 各处。移动时要注意首尾衔接，记下各次读数 a_2，a_3，a_4，a_5。

（8）再按 4 – 5，3 – 4，…. 至 0 – 1 进行回测，记下各位置读数。取同一位置两次读数的平均值，作为测量结果。若两次读数相差较大，说明仪器在测量过程中有移动，应检查原因后重新测量。

（9）以测定点 O 为基难，算出 1、2、…5 各测点的相对值 Δ_i 及累积值 y_i 填入实验报告。

（10）以适当比例按表 5 – 4 中累积值 y_1，作误差曲线。如图 5 – 30（b）所示。按最小包容区域的判别准则（高 – 低 – 高或低 – 高 – 低）作两条平行直线包容误差曲线，沿纵坐标方两包容直线间距离即直线度误差值 f_-。其合格条件为 $f_- \leqslant t_-$（t_- 为直线度公差）。

2．在光学分度头上，用指示表测量轴的圆度误差

（1）把零件装在光学分度头的两顶尖间，将指示表引向工件，前后移动指示表，使其测头接触于工件的最高点，指示表读数的转折点位置即为正确位置。如图 5 – 33，将分度头外表的活动度盘转到 0°，记下指示表上的读数。

（2）将分度头转过 30°、60°、90°…360°（注意粗读数可从外面度盘上读，准确数值应在目镜视场内读）。在相应位置下，分别记下指示表上的数值。

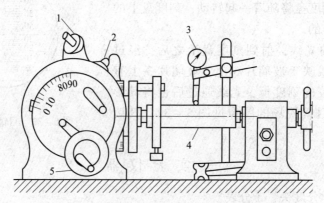

图 5 – 33　分度头外表的活动度盘 0°位置确定方法

1—目镜　2—光源　3—指示表　4—工件　5—手轮

（3）将上述指示表上的数值，记入圆坐标纸上，连成误差曲线图。再用一放大比与圆坐标纸相同的同心圆量规（透明胶板），同时包容误差曲线，两同心圆的半径差除以放大倍数，即为该零件的圆度误差。（注意：两同心圆与误差曲线的接触状态，必须符合交叉准则。）

透明有机玻璃模板如图 5 – 34 所示。

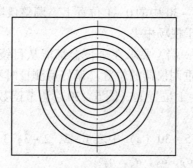

图 5 – 34　透明有机玻璃模板

五、思考题及实验结果分析

平面度误差的评定方法有：最大直线度误差法、三点法、四点法和最小包容区域法等。无论用何种方法评定，都有一个原始数据的取得问题。在检测较大平板时，通常是按一定的布线方式，测量若干直线上各点，再经适当的数据处理，统一为对选定基准平面的坐标值，然后再按一定的评定方法确定其误差值。所以这种方法，都是以直线度误差检测中原始数据获得方法为基础的。

一般中小平板，则可以实物基准平板进行测量后，再按一定的评定方法确定其误差值。下面举例说明这种方法的检测及按最小包容区域法的数据处理。

例：检测一 400mm ×400mm 的 2 级平板的平面度误差。

按图 5 – 35 所示，将被测平板沿纵横方向画好网格，四周离边缘 10mm，跨距为 190mm。然后将被测平板放在基准平板上，按画线交点位置，移动千分表架，记取各点读数列于表 5 – 5 中。

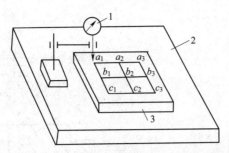

图 5 – 35 2 级平板的平面度误差测量方法举例

1—千分表架 2—基准平板 3—检测平板

表 5 – 5 各点读数记录表

a_1	0	b_1	– 12	c_1	+ 5
a_2	+ 15	b_2	+ 20	c_2	– 10
a_3	+ 7	b_3	+ 4	c_3	+ 2

用最小包容区域法求平面度误差值

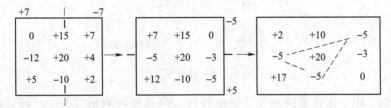

符合三角形准则，则平面度误差值为 + 20 – （ – 5） = 25（μm）。

第八节 位置误差的测量

一、实 验 目 的

1. 了解位置误差的检测原则和基准的体现方法。
2. 掌握平行度、垂直度、同轴度、对称度误差的测量方法。
3. 学会平台测量工具的操作方法。

二、实验基本原理

用平台测量工具测量图 5 – 36 所示零件的位置误差。

位置误差分定向误差、定位误差和跳动误差三种。各种位置误差，都是指零件的实际被测要素对其理想要素的变动量。而理想要素是相对于所给定的理想要素而言的。在实际测量中，作为各种理想基准要素（简称基准）的点、线（包括中心线、轴线）、面等，可以用模拟法、直接法、分析法和目标法来体现。由于位置误差测量所涉及的因素较多，它与所测项目，精度要求，零件大小、形状、生产批量及现有仪器及工具等因素有关，因而在遵循设计规定的检测原则的条件下，可以选择各种不同的检测方法。本实验用于位置误差检测的工具主要是两类，一类是体现基准的检测工具；另一类是用于读数的带指示器的测量架。

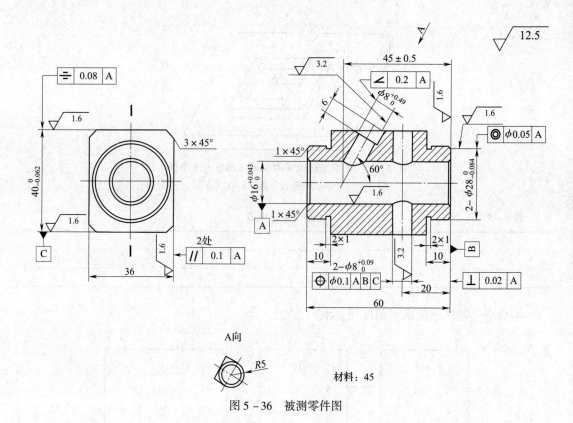

图 5 – 36 被测零件图

（1）心轴 用于体现基准轴线或被测轴线。当体现被测轴线时，已排除被测要素的形状误差。测量时，形状误差值可由测得值按比例折算。

（2）平板 用于体现基准平面。

（3）角尺 用于体现基准直角。

（4）V 形架 以心轴的最小外接圆（或最大内切圆）作为测量基准圆，用于测量时心轴的定位和紧固。

三、实 验 仪 器

心轴、平板、角尺、V 形架、带指示器的测量架等平台测量工具。

四、实 验 步 骤

1. 平行度误差测量

检查内容：距离为 36 的两侧面对孔 $\phi 16^{+0.043}_{0}$ 轴线的平行度误差。

合格条件：两侧平面必须位于距离为公差值 0.1 平行于基准轴线的两平行平面之间。

测量工具：平板、V 形架、带指示器的测量架、心轴。

测量方法：基准轴线由心轴模拟。将心轴两端放在一对 V 形架上，调整（转动）该零件，使上表面（即被侧面）在 40 尺寸方向两端等高，并紧固好，然后测量整个被测表面并记录读数（另一面翻转后按同法测量），取整个测量过程中指示器的最大与最小读数之差作为零件的平行度误差。

测量时应选用与孔成无间隙配合的心轴。

2. 垂直度误差测量

检查内容：零件右端面对孔 $\phi 16 ^{+0.043}_{0}$ 轴线的垂直度误差。

合格条件：右端平面必须位于距离为公差值 0.02，且垂直于基准轴线的两平行平面之间。

测量工具：平板、V 形架、心轴、刀口尺、塞尺。

测量方法：被测零件的基准轴线由心轴与 V 形架模拟。将心轴两端放在一对 V 形架上。测量时，回转被测零件，根据刀口尺与被测表面间光隙大小或用塞规检查，取整个平面与刀口尺的最大间隙为该零件的垂直度误差。

3. 同轴度误差测量

检查内容：两台肩外圆 $\phi 28 ^{0}_{-0.084}$ 轴线对孔 $\phi 16 ^{+0.043}_{0}$ 轴线的同轴度误差。

合格条件：两台肩外圆 $\phi 28 ^{0}_{-0.084}$ 轴线必须位于直径为公差值 0.05，且与基准轴线同轴的圆柱面内。

测量工具：平板、V 形架、带指示器的测量架、心轴。

测量方法：基准轴线由心轴与 V 形架体现。将被测零件心轴放置在一对 V 形架上，转动被测零件，并在两台肩外圆上测量若干个截面，取各截面上测得的读数差中的最大值（绝对值）作为该零件的同轴度误差。

4. 对称度误差测量

检查内容：零件厚度 $40 ^{0}_{-0.062}$ 的中心平面对孔 $\phi 16 ^{+0.043}_{0}$ 轴线的对称度误差。

合格条件：中心平面必须位于距离为公差值 0.08 的两平面之间，该两平面对称配置在通过基准轴线的辅助平面两侧。

测量工具：平板、V 形架、带指示器的测量架、心轴。

测量方法：基准轴线由心轴模拟。将心轴两端放在一对 V 形架上，（V 形架放置在平板上），调整 36 尺寸方向两端为等高，测量被测上表面各点与平板之间的距离。然后，将被测零件翻转，按上述方法测量另一被测表面与平板之间的距离，取测量截面内对应两测点的最大差值作为对称度误差。

五、思考题及实验结果分析

1. 根据实验内容的要求选取被测工件。

2. 根据被测工件所要求的位置公差项目，决定测量方法，选取测量器具，并拟出具体的测量步骤。

3. 对指定的位置公差项目进行测量。

4. 在实验报告中绘出测量简图，根据测得数据判断被测工件的合格性。

第六章 工程材料及热处理实验

第一节 金相试样制备和硬度计使用

一、实 验 目 的

1. 学会金相试样制备的全过程，了解影响金相试样检验效果的主要因素。
2. 了解布氏硬度、洛氏硬度和显微硬度的测定原理、应用范围。
3. 初步掌握布氏硬度计、洛氏硬度计和显微硬度计的操作方法及各种硬度的测定方法。

二、实验基本原理

硬度是指一种材料抵抗另一较硬的具有一定形状和尺寸的物体（金刚石压头或钢球）压入其表面的能力。硬度的测试方法很多，在生产中使用最广泛的是压入法。压入法就是把一个标准硬度的压头以一定的压力压入金属材料的表面，使金属产生局部变形而形成压痕，根据压痕的大小来确定材料的硬度值。

金属材料的硬度值不是单纯的物理量，而是表示材料的弹性、塑性、形变强化率、强度和韧性等一系列不同物理量组合的一种综合性能指标。在一定条件下，某些材料的硬度值与其他力学性能之间存在着一定关系，如硬度和抗拉强度之间有近似的正比关系：

$$\sigma_b = K \cdot HB(MPa)$$

式中 K 为系数，对不同材料和其不同的热处理状态 K 值不同。例如低碳钢的 K 值为 3.53，调质状态的合金钢为 3.33，铸铝为 2.55。HB 为材料的布氏硬度。所以硬度值对估计其他力学性能有一定参考价值。此外，硬度测试简单易行，也不损坏零件，因此在生产和科研中应用十分广泛。

常用的硬度计有：

布氏硬度计：应用于黑色、有色金属原材料检验，也可测退火、正火后试件的硬度；

洛氏硬度计：主要用于金属材料热处理后的零件硬度检验；

维氏硬度计：应用于薄板材料及材料表层的硬度测定，以及较精确的硬度测定；

显微硬度计：主要应用于测定金属材料的显微组织及各组成相的硬度。

本实验重点介绍洛氏硬度、布氏硬度和显微硬度的测量。

1. 布氏硬度

（1）工作原理

用载荷 F 把直径为 D 的淬火钢球或硬质合金球压入试件表面，并保持一定时间后卸除载荷，测量钢球在试样表面上所压出的压痕直径 d，如图 6-1 所示。

布氏硬度值为压力 F 除以压痕球面积 S，其计算公式为：

$$HBS \text{ 或 } HBW = \frac{F}{S} = 0.102 \frac{2F}{\pi D\ (D - \sqrt{D^2 - d^2})}$$

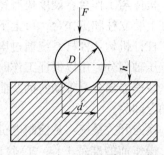

式中 HBS 为压头采用淬火钢球时的布氏硬度符号，适用于布氏硬度值在 450 以下的材料。HBW 为压头采用硬质合金球时的布氏硬度符号，适用于布氏硬度值在 650 以下的材料。

图 6 - 1 布氏硬度试验原理图

（2）布氏硬度测定的技术要求

试样表面应光滑和平坦，并且不应有氧化皮及外界污物，尤其不应有油脂。试样表面应能保证压痕直径的精确测量，表面粗糙度参数 R_a 一般不大于 $1.6 \mu m$。

任一压痕中心距试样边缘的距离至少为压痕平均直径的 2.5 倍。两相邻压痕中心间距离至少为压痕平均直径的 3 倍。

用读数显微镜测量压痕直径 d 时，应在两相互垂直方向测量，取其平均值。

试样厚度至少应为压痕深度的 8 倍，试验后试样背后应无可见变形。

从加力开始至施加完全部试验力的时间应在 2～8s，试验力保持时间为 10～15s。对于要求试验力保持时间较长的材料，试验力保持时间允许误差为 ±2s。

试验力的选择应保证压痕直径在 （0.24～0.6）D。试验力 - 压头球直径平方的比率（$0.102F/D^2$ 比值）应根据材料和硬度值选择。

（3）布氏硬度计的结构和操作

HB - 3000 型布氏硬度计的结构和主要部件如图 6 - 2 所示。

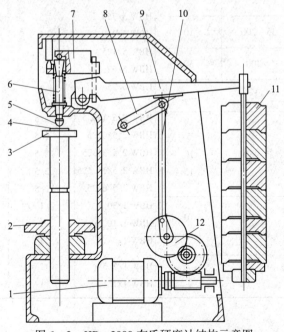

图 6 - 2 HB - 3000 布氏硬度计结构示意图

1—电动机 2—手轮 3—工作台 4—试样 5—压头 6—压轴

7—小杠杆 8—摇杆 9—大杠杆 10—连杆 11—砝码 12—减速器

机体与工作台：硬度机有铸铁机体，在机体前台面上安装了丝杠座，其中装有丝杠，丝杠上装立柱和工作台，可上下移动。

杠杆机构：杠杆系统通过电动机可将试验力自动加在试样上。

压轴部分：用以保证工作时试样与压头中心对准。

减速器部分：带动曲柄及曲柄连杆，在电机转动及反转时，将试验力加到压轴上或从压轴上卸除。

换向开关系统：是控制电机回转方向的装置，使加、卸试验力自动进行。

操作前的准备工作：校验试验机精度。按表6-1选定试验力，加上相应的砝码。安装工作台。当试样高度<120mm时应将立柱安装在升降螺杆上，然后装好工作台进行试验。根据试验的材料确定持续时间，然后将压紧螺钉拧松，把圆盘上的时间定位器（红色指示点）转到与持续时间相符的位置上。接通电源，打开指示灯，证明通电正常。

表6-1   不同材料的试验力-压头球直径平方的比率及不同条件下的试验力

不同材料的试验力-压头球直径平方的比率			不同条件下的试验力			
材料	布氏硬度 HBW	$0.102F/D^2$	硬盘符号	球直径 D/mm	$0.102F/D^2$	试验力 F/N
钢、镍合金、钛合金		30	HBW 10/3000	10	30	29420
			HBW 10/1500	10	15	14710
铸铁	<140	10	HBW 10/1000	10	10	9807
	≥140	30	HBW 10/500	10	5	4903
			HBW 10/250	10	2.5	2452
			HBW 10/100	10	1	980.7
铜及铜合金	<35	5				
	35~200	10	HBW 5/750	5	30	7355
			HBW 5/250	5	10	2452
	>200	30	HBW 5/125	5	5	1226
			HBW 5/62.5	5	2.5	612.9
轻金属及合金	<35	2.5	HBW 5/25	5	1	245.2
	35~80	5	HBW 2.5/187.5	2.5	30	1839
		10	HBW 2.5/62.5	2.5	10	612.9
		15	HBW 2.5/31.25	2.5	5	306.5
			HBW 2.5/15.625	2.5	2.5	153.2
			HBW 2.5/6.25	2.5	1	61.29
	>80	10	HBW 1/30	1	30	294.2
		15	HBW 1/10	1	10	98.07
			HBW 1/5	1	5	49.03
铅、锡		1	HBW 1/2.5	1	2.5	24.52
			HBW 1/1	1	1	9.807

（4）操作程序

将试样放在工作台上，顺时针转动手轮，使压头压向试样表面直至手轮对下面螺母产生相对运动为止。

按动加载按钮，启动电动机，即开始加试验力。此时因压紧螺钉已拧松，圆盘并不转动，当红色指示灯闪亮时，迅速拧紧压紧螺钉。使圆盘转动，达到所要求的持续时间后，转动即自行停止。

逆时针转动手轮降下工作台，取下试样用读数显微镜测出压痕直径 d 值，以此值查表6－2即得 HB 值。

表6－2 布氏硬度对照表

压痕直径 ($d10$、$2d5$ 或 $4d2.5$）/mm	布氏硬度 HB 在下列载荷 P（N）下			压痕直径 ($d10$、$2d5$ 或 $4d2.5$）/mm	布氏硬度 HB 在下列载荷 P（N）下		
	$30D^2/0.102$	$10D^2/0.102$	$2.5D^2/0.102$		$30D^2/0.102$	$10D^2/0.102$	$2.5D^2/0.102$
2.00	(945)	(316)	—	3.24	354	118	29.5
2.05	(899)	(300)	—	3.26	350	117	29.2
2.10	(856)	(286)	—	3.28	345	115	28.8
2.15	(817)	(272)	—	3.30	341	114	28.4
2.20	(780)	(260)	—	3.32	337	112	28.1
2.25	(745)	(248)	—	3.34	333	111	27.7
2.30	(712)	(238)	—	3.36	329	110	27.4
2.35	(682)	(228)	—	3.38	325	108	27.1
2.40	(653)	(218)	—	3.40	321	107	26.7
2.45	(627)	(208)	—	3.42	317	106	26.4
2.50	601	200	—	3.44	313	105	26.1
2.55	578	193	—	3.46	309	103	25.8
2.60	555	185	—	3.48	306	102	25.5
2.65	534	178	—	3.50	302	101	25.2
2.70	515	171	—	3.52	298	99.5	24.9
2.75	495	165	—	3.54	295	98.3	24.6
2.80	477	159	—	3.56	292	97.2	24.3
2.85	461	154	—	3.58	288	96.1	24.0
2.90	444	148	—	3.60	285	95.0	23.7
2.95	429	143	—	3.62	282	93.5	23.5
3.00	415	138	34.6	3.64	278	92.8	23.2
3.02	409	136	34.1	3.66	275	91.8	22.9
3.04	404	134	33.7	3.68	272	90.7	22.7
3.06	398	133	33.2	3.70	269	89.7	22.4
3.08	393	131	32.7	3.72	266	88.7	22.2
3.10	388	129	32.3	3.74	263	87.7	21.9
3.12	383	128	31.9	3.76	260	86.8	21.7
3.14	378	126	31.5	3.78	257	85.8	21.5
3.16	373	124	31.1	3.80	255	84.9	21.2
3.18	368	123	30.7	3.82	252	84.0	21.0
3.20	363	121	30.3	3.84	249	83.0	20.8
3.22	359	120	29.9	3.86	246	82.1	20.5

续表

压痕直径 (d10、2d5 或 4d2.5) /mm	布氏硬度 HB 在下列载荷 P (N) 下			压痕直径 (d10、2d5 或 4d2.5) /mm	布氏硬度 HB 在下列载荷 P (N) 下		
	$30D^2/$ 0.102	$10D^2/$ 0.102	$2.5D^2/$ 0.102		$30D^2/$ 0.102	$10D^2/$ 0.102	$2.5D^2/$ 0.102
3.88	244	81.3	20.3	4.14	213	71.0	17.7
3.90	241	80.4	20.1	4.16	211	70.2	17.6
3.92	239	79.6	19.9	4.18	209	69.5	17.4
3.94	236	78.7	19.7	4.20	207	68.8	17.2
3.96	234	77.9	19.5	4.22	204	68.2	17.0
3.98	231	77.1	19.3	4.24	202	67.5	16.9
4.00	229	76.3	19.1	4.26	200	66.8	16.7
4.02	226	75.5	18.9	4.28	198	66.2	16.5
4.04	224	74.7	18.7	4.30	197	65.5	16.4
4.06	222	73.9	18.5	4.32	195	64.9	16.2
4.08	219	73.2	18.3	4.34	193	64.2	16.1
4.10	217	72.4	18.1	4.36	191	63.6	15.9
4.12	215	71.7	17.9	4.38	189	63.0	15.8

2. 洛氏硬度

（1）工作原理

洛氏硬度试验，是用特殊的压头在先后施加两个载荷（预载荷和总载荷）的作用下压入金属表面来进行的。总载荷 P 为预载荷 P_0 和主载荷 P_1 之和，即 $P = P_0 + P_1$。

压头有两种，一种是锥角为 120° 的金刚石；另一种是直径为 1.5875mm 或 3.175mm 的钢球或硬质合金球。洛氏硬度用符号 HR 表示，根据压头和主试验力不同，分为 11 个标尺，最常用的标尺是 A、B、C。符号 HR 前面的数字为硬度值，后面为使用的标尺字母，如 59HRC 表示用 C 标尺测得的洛氏硬度值为 59；使用钢球压头的标尺，在硬度符号后面加 "S"；使用硬质合金球压头的标尺，在硬度符号后面加 "W"，如 60HRBW 表示用硬质合金球压头在 B 标尺上测得的洛氏硬度值为 60。

洛氏硬度测定时，需先后两次施加试验力（初试验力 P_0 和主试验力 P_1,），施加初试验力的目的是使压头与试样表面接触良好，以保证测量结果准确。洛氏硬度值是施加总载荷 P 并卸除主载荷 P_1 后，在预载荷 P_0 继续作用下，由主载荷 P_1 引起的残余压入深度 e 来计算，如图 6-3 所示。

图中 h_0 表示在预载荷 P_0 作用下压头压入被试验材料的深度，h_1 表示施加总载荷 P 并卸除主载荷 P_1 后，但仍保留预载荷 P_0 时，压头压入被试材料的深度。

深度差 $e = h_1 - h_0$，用来表示被测材料硬度的高低。根据 GB/T 230.1—2009 规定，以 0.002mm 作为一个洛氏硬度的单位。根据洛氏硬度试验时采用的压头种类和主载荷大小的不同，洛氏硬度常用的计算方法如下：

$$HRA \ 或 \ HRC = 100 - e/0.002$$
$$HRB = 130 - e/0.002$$

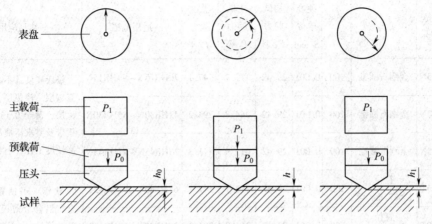

图 6 - 3 洛氏硬度试验原理图

为简便起见，规定了硬度单位（即硬度计刻度盘上 μ 的一小格），使硬度值以整数为主。

（2）测定洛氏硬度的技术要求

根据被测金属材料的硬度高低，按表 6 - 3 选定压头和试验力。

表 6 –3 　　　　　　　　　洛氏硬度标尺（摘自 GB/T 230. 1—2004）

洛氏硬度标尺	硬度符号	压头类型[①]	硬度数 N	硬度单位 S/mm	初试验力 F_0/N	主试验力 F_1/N	总试验力 F/N	适用范围	典型应用
A	HRA	金刚石圆锤	100	0.002	98. 07	490. 3	588. 4	20HRA ~ 88HRA	硬质合金、渗碳层、表面淬火层
B	HRB	直径 1.5875mm 球	130	0.002	98. 07	882. 6	980. 7	20HRB ~ 100HRB	铜合金、铝合金、软钢、可锻铸铁
C	HRC	金刚石圆锥	100	0.002	98. 07	1373	1471	20HRC ~ 70HRC	淬火低温回火钢、钛合金
D	HRD	金刚石圆锥	100	0.002	98. 07	882. 6	980. 7	40HRD ~ 77HRD	中等表面硬化钢、薄硬钢板
E	HRE	直径 3.175mm 球	130	0.002	98. 07	882. 6	980. 7	70HRE ~ 100HRE	铸铁、铝合金、镁合金、轴承合金
F	HRF	直径 1.5875mm 球	130	0.002	98. 07	490. 3	588. 4	60HRF ~ 100HRF	退火黄铜、铝合金、软钢薄板
G	HRG	直径 1.5875mm 球	130	0.002	98. 07	1373	1471	30HRG ~ 94HRG	铍青铜、磷青铜、可锻铸铁
H	HRH	直径 3.175mm 球	130	0.002	98. 07	490. 3	588. 4	80HRH ~ 100HRH	铝、锌、铅等软金属
K	HRK	直径 3.175mm 球	130	0.002	98. 07	1373	1471	40HRK ~ 100HRK	软金属薄材、轴承合金

续表

洛氏硬度标尺	硬度符号	压头类型①	硬度数 N	硬度单位 S/mm	初试验力 F_0/N	主试验力 F_1/N	总试验力 F/N	适用范围	典型应用
15N	HR15N	金刚石圆锥	100	0.001	29.42	117.7	147.1	70HR15N ~ 94HR15N	洛氏硬度计不易检测的渗碳层、渗氮层、表面淬火层，薄至 0.15mm 的硬钢带及要求压痕尽量小的高硬度工件，小零件
30N	HR30N	金刚石圆锥	100	0.001	29.42	264.8	294.2	42HR30N ~ 85HR30N	
45N	HR45N	金刚石圆锥	100	0.001	29.42	411.9	441.3	20HR45N ~ 77HR45N	
15T	HR15T	直径 1.5875mm 球	100	0.001	29.42	117.7	147.1	67HR15T ~ 93HR15T	软钢、不锈钢、铜合金、铝合金薄板带材料、薄壁管材、小零件、电镀层及要求压痕尽量小的中、低硬度工件
30T	HR30T	直径 1.5875mm 球	100	0.001	29.42	264.8	294.2	29HR30T ~ 82HR30T	
45T	HR45T	直径 1.5875mm 球	100	0.001	29.42	411.9	411.3	10HR45T ~ 72HR45T	

试样表面应光滑平坦，无氧化皮及外来污物，尤其不应有油脂，建议试样表面粗糙度 R_a 不大于 0.8μm。

试验后试样背面不应出现可见变形。对于用金刚石圆锥压头进行的试验，试样或试验层厚度应不小于残余压痕深度的 10 倍；对于用球压头进行的试验，试样或试验层的厚度应不小于残余压痕深度的 15 倍。

两相邻压痕中心之间的距离至少应为压痕直径的 4 倍，并且不应小于 2mm；任一压痕中心距试样边缘的距离至少应为压痕直径的 2.5 倍，并且不应小于 1mm。

试样应平稳地放在刚性支承物上，并使压头轴线与试样表面垂直，以避免试样产生位移。

（3）洛氏硬度计的操作

洛氏硬度计的外形结构如图 6-4 所示。

根据试样预期硬度按表 6-3 确定压头和试验力，并装入试验机。

将符合要求的试样放置在试样台上，旋轮 8 顺时针转动，升降螺杆上升，应使试件缓慢无冲击地与压头接触，直至硬度计百分表小指针从黑点移到红点，与此同时长指针转过三圈垂直指向 "C" 处，此时已施加了 98.07N 初试验力，长指针偏移不得超过 5 个分度值，若超过此范围不得倒转，应改测点位置重做。

转动硬度计表盘，使长指针对准 "C" 位。

加试验力手柄缓慢向后推，保证主试验力在 4~6s 内施加完毕。总试验力保持时间 10s，然后将加卸试验力手柄在 2~3s 内平稳地向前拉，卸除主试验力，保留初试验力。

此时，硬度计百分表长指针指向的数据，即为被测试件的硬度值。

反向旋转升降螺杆的旋轮，使试台下降，更换测试点，重复上述操作。在每个试样上的测试点数不少于 4 点（第一点不记）。硬度计的操作顺序如图 6-5。

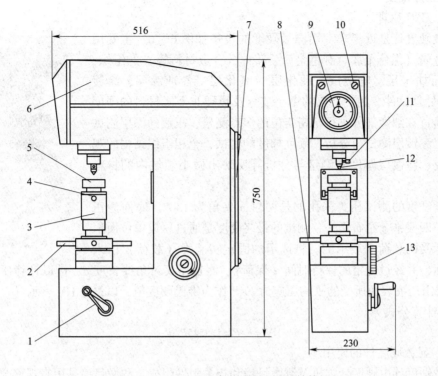

图 6 - 4　H - 100 型洛氏硬度试验机结构图

1—支点　2—指示器　3—压头　4—试样　5—试样台　6—螺杆　7—手轮　8—弹簧
9—按钮　10—杠杆　11—纵杆　12—重锤　13—齿杆

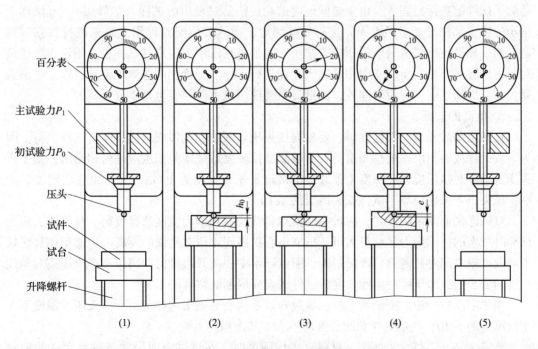

图 6 - 5　洛氏硬度计操作顺序

3. 显微硬度

（1）工作原理

显微硬度计是近年来常用测量硬度的设备如图 6 – 6，主要用于各种金属（黑色金属、有色金属、铸件、合金材料等）的组织、金属表面加工层、电镀层、硬化层（氧化层、各种渗层、涂镀层）、热处理试件、相夹杂点的微小部分及脆硬非金属材料的硬度测试，通过在细微部分进行精密定位的多点测量、压痕的深层测试与分析、渗镀层测试与分析、硬度梯度的测试、金相组织结构的观察与研究、涂镀层厚度的测量与分析等反映出微小领域内的材料性能。

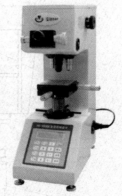

图 6 – 6　显微硬度计

显微硬度的测试压头采用的是两对面夹角为 136°、底面为正方形的正四棱锥金刚石压头，测试的最终硬度是通过压痕单位面积上所能承受的载荷来表示的。将选定的固定实验力（载荷）压入试样表面，并经过规定的保持时间（保荷），测量压痕对角线长度 d，借以计算压痕表面积 F，求出压痕表面所受的平均压应力 F/P 作为维氏硬度值，以符号 HV 表示（一般不注单位），计算公式为

$$HV = F/P = 1.8544P/d^2$$

（2）显微硬度计的使用

显微硬度计由硬度计主机及测微目镜和相关附件组成。测微目镜是用来观察金相或显微组织，确定测试部位，测量对角线长度，数据的采集等；硬度计主机则是完成目镜与压头的切换，在确定的测试部位进行施加载荷，完成平台的移动寻找像点等；相关附件主要是为了试件的夹持稳固等。由于显微硬度试验往往是对很小的试样（如针尖），或试样上很小的特定部位（如金相组织）进行硬度测定，而这些情况难以用人眼来进行观察和判定，而且显微硬度试验后所得压痕非常小，这也是难以用人眼来寻找，更不用说进行压痕对角线长度的测量，所以非得用显微镜才能进行工作。正确使用显微硬度计，除了正确选择负荷、加荷速度、保荷时间外，测量显微镜使用的正确与否也是十分重要的。

① 负荷的选择

在测定薄片或表面层硬度时，要根据压头压入深度和试件或表面层厚度选择负荷。因为一般试件或表面层厚度是知道的，而被测部位硬度或硬度范围也应是可知道的，基于压头压入试样时挤压应力在深度上涉及范围接近于压入深度的 10 倍，为避免底层硬度的影响，压头压入深度应小于试件或表面层的 1/10。

对试样剖面测定硬度时，应根据压痕对角线长度和剖面宽度选择负荷。基于压头压入试样时产生的挤压应力区域最大可从压痕中心扩展到 4 倍对角线的距离。为避免相邻区域不同硬度或空间对被测部位硬度影响，所以压痕中心离开边缘的距离应不小于压痕对角线长度的 2.5 倍，即压痕对角线长度为试件或表面层剖面宽度的 1/5。

当测定晶粒、相、类杂物等时，应遵守以上两个原则来选择负荷，压头压入深度不大于其厚度的 1/10，压痕的对角线长度应不大于其面积的 1/5。

测定试件（零件、表面层、材料）平均硬度时，在试件表面尺寸及厚度允许的前提下，应尽量选择大负荷，以免试件材料组织硬度不均匀影响试件硬度测定的正确性。

为保证测量精确度，在情况允许时，应选择大负荷，一般应使压痕对角线长度大于 $20\mu m$。

考虑到试件表面冷加工时产生的挤压应力硬化层的影响，在选择负荷时应在情况许可的情况下选择大负荷。

② 测量显微镜的正确使用

a. 寻找像平面　针尖试样应采用"光点找像法"。一般显微硬度计测量显微镜物方视场只有 $0.25\sim0.35mm$，在此视场范围外区域，在测量显微镜目镜视场内，眼睛是看不见的。而针尖类试样顶尖往往小于 $0.1mm$，所以在安装调节试样时，很难把此顶尖调节在视场内；如果此顶尖在视场周围而不在视场内，则在升降工作台进行调节时不小心就会把物镜镜片顶坏，即使不顶坏物镜，找像也很困难，为解决这个问题，提出"光点找像法"方法。

开启测量显微镜的照明灯泡，这时在物镜下面工作台上就有一个圆光斑，把针尖试样垂直于工作台安装在此光斑的中心，升高工作台，使此针尖的顶尖离开物镜约 $1mm$，这时眼睛观察顶尖部位，调节工作台上的两个测微丝杆，使物镜下照明光点在前后左右对称分布在此顶尖上（这一步骤必须仔细），随后缓慢调节升降机构，这时在目镜视场中即会看到一个光亮点，这就是此顶尖上的反射光点，再进一步调节升降即可找到此针尖的像。

表面粗糙度很高的试样（如显微硬度块）应采用边缘找像法。显微硬度试验中，试样表面粗糙度一般都是很高的，往往是镜面，表面上没有明显观察特征，而显微硬度计中所有高倍测量显微镜的景深都是非常小的，只有 $1\sim2\mu m$，所以在调焦找像平面时，对于缺乏经验的操作者是很困难的，甚至会碰坏物镜，所以操作者有的留用表面残留痕迹来找像平面，但有时往往无残留痕迹时，建议采用边缘找像法。即按上述同样方法使用照明光点（约为 $0.5\sim1mm$）的中心对准试样表面轮廓边缘，则在目镜视场内看到半亮半暗的交界处即为此轮廓边缘，随后进一步调节升降即可找到此表面边缘的像。

b. 调节照明　为防止倾斜照明对压痕对角线长度测量精确度的影响，要调节照明光源，使压痕处在视场中心时按两对角线区域分的四个区间亮度一致，通过观察测微目镜视场内压痕像的清晰程度，可将照明光源经上、下、前、后、左、右方向稍稍移动，直至观察到压痕像最明亮，没有阴影为止；移动工作台微分筒将压痕像前、后、左、右移动，测微目镜视场内均应明亮，没有阴影的压痕像为好。

c. 视度归正　测量显微镜测压痕时，是把压痕经物镜放大后，成像在目镜前分划板上，进行瞄准测量。由于人眼视度差异（如正常眼、近视眼、远视眼），作为放大镜作用的目镜必须放在各种不同位置，才能对分划板的刻线作清楚观察（即刻线这时为最"细"），这个步骤（调节目镜相对于分划板距离）称为视度归正，不然会影响测量正确性。

d. 压痕位置的校正　通过试验力载荷在测微目镜视场看到的压痕像，若其偏移视场中心较大，则需要进行压痕位置校正，通过物镜座几个调整螺钉反复调整，直到在测微目镜视场内压痕像居中为止，（调整几个螺钉时不要移动工作台）并相互锁紧。

e. 调焦　为找到正确成像位置，应注意要调节使压痕边缘清晰，而不是压痕对角线或对角线交点清晰。我们需要测量的是这个四棱角锥体坑表面棱形的对角线长度。为帮助操作者掌握这一步骤，这里提出"视差判别法"，当用分划板刻线或十字交点对准压痕对角线顶尖时，人眼相对于目镜左右移动，这时如调焦不正确，即压痕边缘像不完全落在分划板上，则会发现此边缘相对于分划线会左右移动。这说明调焦不正确，如人眼相对目镜的位置不一致，则一定存在测量误差，此时应进一步调焦，直至此边缘相对分划线在人眼晃动时无相对位置移动才为正确。

③ 掌握正确的测量方法

旋转测量目镜，使分划板的移动方向和待测压痕对角线方向平行，这样可避免两者夹角对测量精确度的影响。如两者夹角为 α，实际长度为 d，则测得长度 $d' = d/\cos\alpha$，而且对于用十字线交点瞄准压痕对角线顶尖，当两者有一交角时，会造成其对角线一端顶尖对准十字线交点时，另一端顶尖则不能对准。

测量压痕对角线长度，在瞄准时必须瞄准压痕对角线的两端顶尖，不必考虑压痕棱形四边情况。这对于分划板上刻线是直线的情况是不成问题的，而对于分划板上刻线是十字线，瞄准压痕棱边还是对角线顶尖的争论时常发生，为统一各种分划线的瞄准，所以确定了这一原则，这样也可解决棱边多种多样复杂情况下的瞄准问题。

④ 测量中应注意的几个问题：

a. 机械式测微机构测量目镜，测量时应单向转动测微手轮，消除空回对测量的影响。

b. 对于同时测定型的测微目镜，操作者应注意两块分划板刻线重合时，测微读数零位是否正确，如不正确，应规正微分筒或测量后加以读数修正。

c. 对数字式测微目镜，在每次开机后应使两块分划板刻线重合，然后按"清零"键，使读数归零。

d. 当压痕两条对角线长度不等时，应测量两条对角线长度，并取其平均值。

e. 在旋转测量显微目镜使其分划板的移动方向和压痕待测对角线平行后，可在此对角线垂直方向上移动工作台，使对角线落在分划板十字线交点移动的轨迹上，但在用此交点进行瞄准时，则应转动测微目镜的手轮，而不应移动工作台。

f. 操作人员应严格训练，经常以标准显微硬度块校验自己的瞄准精确度。

三、实验设备与试样

1. 实验材料及试样：灰铸铁（$\phi60mm \times 20mm$，$R_a0.8$）、黄铜（$\phi30mm \times 5mm$，$R_a0.8$）、20 钢（热轧态 $\phi10mm \times 10mm$，$R_a0.8$）、20 钢（渗碳淬火态 $\phi10mm \times 100mm$，金相试样）、45 钢（调质处理 $\phi10mm \times 10mm$，$R_a0.8$）、T12A（淬火后低温回火 $\phi10mm \times 10mm$，金相试样）。

2. 实验设备及仪器：布氏硬度计、洛氏硬度计、显微硬度计、读数显微镜、标准硬度块。

四、实验步骤

金相显微分析可以研究金属和合金的内部组织及其与化学成分的关系，可以确定各种金属和合金经不同加工和热处理后的组织，可检验金属和合金中非金属夹杂物与缺陷的数量和分布情况以及可以测定金属和合金内部晶粒的大小。金相试样的制备过程包括取样、磨制、抛光、浸蚀等几个步骤，制备好的试样应能观察到真实组织、无磨痕、麻点与水迹，并使金属组织中的夹杂物、石墨等不脱落。

1. 取样

显微试样的选取应根据研究目的，取其具有代表性的部位。例如在检验和分析失效零件的损坏原因时，除了在损坏部位取样外，还需要在距破坏位置较远的部位截取试样以便比较。在研究金属铸件组织时，由于存在偏析现象，必须从表层到中心同时取样进行观察；对于轧制和锻造材料则应同时截取横向（垂直于轧制方向）及纵向（平行于轧制方向）的金相试样以便于分析比较表层缺陷及非金属夹杂物的分布情况。对于一般热处理后的零件，由于金相组织比较均匀，试样的截取可在任一截面进行。

试样的截取方法视材料的性质不同可采用手锯切割、锯床切割、砂轮片切割或电脉冲加工。不论用哪种方法取样，都应避免试样受热或变形从而引起金属组织变化。

试样尺寸一般不要过大，应便于握持和易磨制。常采用直径 $\phi 12 \sim 15mm$ 的圆柱体或边长 $12 \sim 15mm$ 的方形试样。对形状特殊或尺寸细小不易握持的试样，或为了试样不发生倒角，可采用如图 6 - 7 所示的镶嵌法或机械装夹法。

镶嵌法是将试样镶嵌在镶嵌材料中，目前使用的镶嵌材料有热固性塑料（如胶木粉）及热塑性材料（聚乙烯、聚合树脂）等。此外还可将试样放在金属圈内，然后注入低熔点物质，如低熔点合金等。

2. 磨制

试样的磨制一般分为粗磨和细磨两道工序。

粗磨的目的是为了获得一个平整的表面。试样截取后，将试样的磨面在砂轮上或用锉刀制成平面，并将尖角倒圆。在砂轮上磨制时，应防止试样受热引起组织变化。

细磨的目的是为了消除粗磨产生的磨痕，以得到平整而光滑的磨面，为进一步的抛光作好准备，如图 6 - 8 所示。

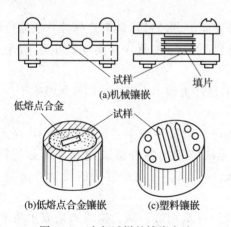

图 6 - 7　金相试样的镶嵌方法

图 6 - 8　试样磨面上磨痕变化示意图

将粗磨好的试样用水冲洗并擦干后，随即依次在由粗到细的各号金相砂纸上把磨面磨光。磨制时砂纸应平铺于厚玻璃板上，左手按住砂纸，右手握住试样，使磨面朝下并与砂纸接触，在轻微压力作用下向前推行磨制，用力要均匀，务求平稳，否则会使磨痕过深，而且造成磨面的变形。试样退回时不能与砂纸接触，以保证磨面平整而不产生弧度。这样"单程单向"地反复进行，直至磨面上旧的磨痕被去掉，新的磨痕均匀一致时为止。在调换下一号更细砂纸时，应将试样上磨屑和砂粒清除干净，并转动 90° 角，即与上一道磨痕方向垂直。为了加快磨制速度，除手工磨制外，还常将不同型号的砂纸贴在带有旋转圆盘的预磨机上，实现机械磨制。

3. 抛光

抛光的目的在于去除细磨时磨面上遗留下来的细微磨痕和变形层，以获得光滑的镜面。常用的抛光方法有机械抛光、电解抛光和化学抛光三种，其中以机械抛光应用最广。

机械抛光是在专用的抛光机上进行。抛光机主要由电动机和抛光盘（$\phi 200 \sim 300mm$）组成，抛光盘转速为 $200 \sim 600r/min$。抛光盘上铺以细帆布、呢绒、丝绸等。抛光时在抛光盘上不断滴注抛光液，抛光液通常采用 Al_2O_3、MgO 或 Cr_2O_3 等细粉末（粒度为 $0.3 \sim 1\mu m$）在水中的悬浮液。机械抛光就是靠极细的抛光粉对磨面的机械作用来消除磨痕而使其成为光滑镜面。

抛光织物和磨料，可按不同要求选用。对于抛光织物的选用，钢一般用细帆布、呢绒和丝绒；灰口铸铁为防止石墨脱落或曳尾，可用没有绒毛的织物；铝、镁、铜等有色金属可用细丝绒。对于磨料的选用，一般说，钢、铸铁可用氧化铝、氧化铬及金刚石研磨膏，有色金属等软材可用细粒度的氧化镁。

操作时将试样磨面均匀地压在旋转的抛光盘上，并沿盘的边缘到中心不断作径向往复运动，同时试样自身略加转动，以便试样各部分抛光程度一致及避免曳尾现象的出现。抛光后的试样，其磨面应光亮无痕，且石墨或夹杂物等不应抛掉或有曳尾现象。

电解抛光是将试样放在电解液中作为阳极，用不锈钢板或铅板作阴极，以直流电通过电解液到阳极（即样品），这样试样表面凸起部分被溶解而被抛光。这种方法的优点是不但速度快，且表面光洁，只产生纯化学的溶解作用而无机械力的影响，因此抛光过程中不会发生塑性变形，但电解抛光过程不易控制。

化学抛光是将化学试剂涂在经过粗磨的试样表面上，经过数秒至几分钟，依靠化学腐蚀作用使表面发生选择性溶解，从而得到光滑平整的表面，其实质与电解抛光相类似。

抛光后的试样应该用清水冲洗干净，然后用酒精冲去残留水滴，再用吹风机吹干。

4. 浸蚀

抛光后的试样磨面是一光滑镜面，若直接放在显微镜下观察，只能看到一片亮光，除某些非金属夹杂物、石墨、孔洞、裂纹外，无法辨别出各种组成物及其形态特征。必须经过适当的浸蚀，才能使显微组织正确地显示出来，目前最常用的浸蚀方法是化学浸蚀法。

化学浸蚀是将抛光好的试样磨面在化学浸蚀剂（常用酸、碱、盐的酒精或水溶液）中浸蚀或擦拭一段时间，使显微组织能真实地、充分地、细致地显示出来。

对于纯金属及单相合金，由于晶界原子排列不规则，缺陷及杂质较多，具有较高的能量，故晶界易被浸蚀而呈凹沟，在显微镜下观察时，使光线在晶界处被漫反射而不能进入物镜，因此显示出一条条黑色的晶界，如图 6 - 9（a）所示。由于金属中各晶粒的位向不同，因而磨面上各晶粒的原子排列密度不同，使受浸蚀程度不一致，在垂直光线照射下，各个晶粒就呈现出明暗不一的颜色。

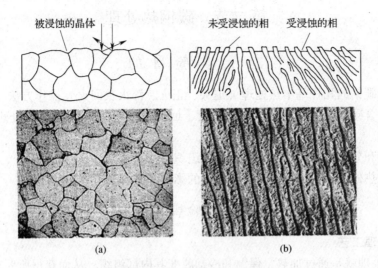

图 6 - 9　单相和两相组织的显示

(a) 铁素体晶界　　(b) 片状珠光体

化学浸蚀剂的种类很多，应按金属材料的种类和浸蚀的目的，选择恰当的浸蚀剂。浸蚀时间以在显微镜下能清晰地显示出组织的细节为准。若浸蚀不足，可再重复进行浸蚀，但一旦浸蚀过度，试样则需重新抛光。

5. 实验用品

(1) 金相显微镜。

(2) 不同粗细的水砂纸和金相砂纸各一套、玻璃板、浸蚀剂（4%硝酸酒精溶液）。

(3) 镶嵌机、预磨机和抛光机。

(4) 待制备的金相试样等。

6. 实验要求

(1) 每人制备一块基本合格的试样。

(2) 利用金相显微镜观察自己制备好的试样，说明该试样是何种组织并画出相应的示意图。

(3) 了解各种硬度计的构造原理、操作规程及安全事项，掌握操作方法。

(4) 对各种试样选择合适的硬度试验方法，确定试验条件。

(5) 测定各种试样的硬度，记录试验结果。

五、思考题及实验结果分析

1. 写出实验目的。

2. 简要说明金相试样的制备方法及布氏硬度、洛氏硬度和显微硬度的测试原理。

3. 记录规定试样的硬度测试结果（包括所选用的压头、试验力、保持时间；试样的材料尺寸、热处理状态；布氏硬度压痕直径，压痕平均直径、查表得到的硬度值，硬度平均值；洛氏硬度的表盘读数值、硬度平均值）。讨论影响所测材料硬度的因素。

第二节　碳钢热处理

一、实 验 目 的

1. 熟悉碳钢的几种基本热处理（退火、正火、淬火及回火）操作方法。
2. 了解含碳量、加热温度、冷却速度、回火温度等主要因素对热处理后性能（硬度）的影响。
3. 观察和分析碳钢经不同热处理后的组织特征。
4. 了解热处理工艺对碳钢组织和性能的影响。

二、实验基本原理

1. 热处理工艺

钢的热处理就是通过加热、保温和冷却改变其内部组织，从而获得所要求的物理、化学、机械和工艺性能的一种操作方法。一般热处理的基本操作有退火、正火、淬火及回火等。热处理操作中，加热温度、保温时间和冷却方法是最重要的 3 个基本工艺因素，正确选择它们的规范，是热处理成功的基本保证。

（1）加热温度

① 退火加热温度　对亚共析钢是 Ac_3 +（30～50）℃（完全退火）；共析钢和过共析钢是 Ac_1 +（30～50）℃（球化退火），目的是得到球状珠光体，降低硬度，改善高碳钢的切削性能。

② 正火加热温度　对亚共析钢是 Ac_3 +（30～50）℃；过共析钢是 Ac_{cm} +（30～50）℃。钢的成分、原始组织及加热速度等影响临界点 Ac_1、Ac_3 及 Ac_{cm} 的位置。在各种热处理手册中都可以查到各种钢的具体热处理温度。热处理时不要任意提高加热温度，因为温度过高时，晶粒容易长大，氧化、脱碳和变形等也都变得比较严重。

③ 淬火加热温度　亚共析钢加热到 Ac_3 +（30～50）℃；过共析钢加热到 Ac_1 +（30～50）℃。亚共析钢加热到 Ac_3 以下时，淬火组织中会保留自由铁素体，使钢的硬度降低。过共析钢加热到 Ac_1 以上两相区时，组织中会保留少量二次渗碳体，而有利于钢的硬度和耐磨性，并且，由于降低了奥氏体中的碳质量分数，可以改变马氏体的形态，从而降低马氏体的脆性。此外，还可减少淬火后残余奥氏体的量。若淬火温度太高，会形成粗大的马氏体，使机械性能恶化；同时也增大淬火应力，使变形和开裂倾向增大。

④ 回火温度　钢淬火后要回火，回火温度决定于最终所要求的组织和性能（工厂中常根据硬度的要求）。按加热温度，回火分为低温、中温、高温回火 3 种。

低温回火——在 150～250℃进行回火，所得组织为回火马氏体，硬度为 60HRC，目的是降低淬火后的应力，减少钢的脆性，但保持钢的高硬度。低温回火常用于高碳钢切削刀具、量具和轴承等工件的处理。

中温回火——在 350～500℃进行回火，所得组织为回火托氏体，硬度为 35～45HRC，目的是获得高的弹性极限，同时有较好的韧性。主要用于中高碳钢弹簧的热处理。

高温回火——在 500～650℃进行回火，所得组织为回火索氏体，硬度为 25～35HRC，目的是获得既有一定强度、硬度，又有良好冲击韧性的综合机械性能。所以把淬火后经高温回火的热处理工艺称为调质处理。它主要用于中碳结构钢机械零件的热处理。

高于650℃的回火得到回火珠光体，可以改善高碳钢的切削性能。

（2）保温时间

为了使工件各部位温度均匀化，完成组织转变，并使碳化物完全溶解和奥氏体成分均匀一致，必须在淬火加热温度下保温一定时间。通常将工件升温和保温所需时间计算在一起，并统称为加热时间。

热处理加热必须考虑许多因素，例如工件的尺寸和形状、使用的加热设备及装炉量、装炉温度、钢的成分和原始组织、热处理的要求和目的等，具体加热时间可参考有关手册中的数据。

实际工作中多根据经验估算加热时间。一般规定，在空气介质中升到规定温度后的保温时间，碳钢按工件厚度每毫米需 $1 \sim 1.5 \mathrm{min}$ 估算，合金钢按每毫米 $2 \mathrm{min}$ 估算。在盐浴沪中，保温时间可缩短 $1 \sim 2$ 倍。

（3）冷却方法

热处理的冷却方法必须适当，才能获得所要求的组织和性能。

退火一般采用随炉冷却。

正火多采用空气冷却，大件常进行吹风冷却。

淬火的冷却方法非常重要。一方面冷却速度要大于临界冷却速度，以保证得到马氏体组织；另一方面冷却速度应当尽量缓慢，以减少内应力，避免变形和开裂。为了调和上述矛盾，可以采用特殊的冷却办法，使加热工件在奥氏体最不稳定的温度范围内（650 ～ 550℃）快冷，躲过 C 曲线鼻子尖后缓冷，尤其在马氏体转变温度（300 ～ 100℃）以下要缓冷。常用淬火方法有单介质淬火、双介质淬火（如水淬油冷）、分级淬火、等温淬火等。

2. 热处理组织

（1）钢在冷却时由过冷奥氏体转变形成的组织，过冷奥氏体在冷却过程中发生 3 种类型转变，即珠光体类型转变、贝氏体类型转变和马氏体类型转变。

① 珠光体类型组织

珠光体类型转变的产物有珠光体（形成于 $A_1 \sim 650℃$）、索氏体（形成于 650 ～ 600℃）和托氏体（形成于 600 ～ 550℃），它们都是层片状铁素体和渗碳体的机械混合物，是铁碳合金的室温平衡组织。它们既可以通过等温转变形成，也可以通过连续冷却转变获得，如珠光体可通过等温退火和完全退火获得，索氏体可通过正火获得。三种产物的区别在于片间距（即一片铁素体和一片渗碳体的厚度）不同，转变温度越低，片间距越小，强度、硬度越高，塑性也得到改善。珠光体的片间距为 150 ～ 450nm，在 500 倍光学显微镜下即可分辨，索氏体的片间距为 80 ～ 150nm，在 800 ～ 1000 倍光学显微镜下才可分辨，托氏体的片间距为 30 ～ 80nm，只有在电子显微镜下才能分辨。

② 贝氏体组织

贝氏体组织通常通过等温转变获得，分为上贝氏体（形成温度为 550 ～ 350℃）和下贝氏体（形成温度为 350℃ ～ Ms），它们都是含有过饱和碳的铁素体和细小渗碳体的机械混合物，在光学显微镜下难以分辨，是非平衡组织。上贝氏体在光学显微镜下呈羽毛状如

图6-10，由于其性能差，很少应用。下贝氏体在光学显微镜下呈黑色竹叶状如图6-11，可通过等温淬火工艺获得，下贝氏体具有良好的综合力学性能，是生产上常用的强化组织之一。

图6-10　上贝氏体

图6-11　下贝氏体

③ 马氏体组织

当过冷奥氏体以大于临界冷却速度连续冷却到 Ms 以下时，将获得马氏体组织。马氏体是碳在 $\alpha-Fe$ 中的过饱和固溶体，也是非平衡组织。根据含碳量不同，马氏体的形态分为板条马氏体和针状马氏体两大类。

板条马氏体：其立体形态为细长的扁棒状，在光学显微镜下，为一束束的细条状组织，每束内条与条之间互相平行，一个奥氏体晶粒内可形成几个不同位向的马氏体束（图6-12）。含碳量小于0.2%C钢的淬火组织几乎全部是板条马氏体。板条马氏体的亚结构是高密度的位错，因而具有较好的塑性和韧性。

针状马氏体：其立体形态为双凸透镜形的片状，在光学显微镜下为针状，如图6-13所示，图中灰色马氏体针之间的白色相是残余奥氏体。含碳量大于1.0%C钢的淬火组织几乎全部是针状马氏体。针状马氏体的亚结构是孪晶，因而脆性大。

图6-12　板条马氏体

图6-13　针状马氏体

当淬火冷却速度小于临界冷速，且又未穿过过冷奥氏体转变图的转变终了线时，会得到马氏体加托氏体组织，如图6-14所示，图中在原奥氏体晶界上析出的糖葫芦状的黑色组织是托氏体。如果亚共析钢在 $Ac_1 \sim Ac_3$ 温度区间加热淬火（亚温淬火），由于加热时的组织为奥氏体加铁素体，所以淬火后的组织为马氏体加铁素体，如图6-15所示，图中的白色块状组织为铁素体。

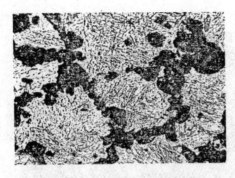

图 6 – 14　45 钢 850℃ 油淬组织

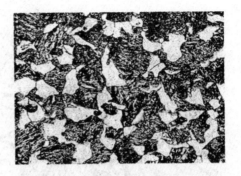

图 6 – 15　35 钢 750℃ 淬火组织

含碳量为 0.2% ~ 1.0% 时，钢的淬火组织为板条马氏体和针状马氏体的混合组织，图 6 – 16 为 45 钢的正常淬火组织，其最大马氏体片已细到光学显微镜下难以分辨，这种马氏体称为隐晶马氏体。过共析钢的淬火温度为 Ac_1 + （30 ~ 50）℃，是在奥氏体加渗碳体两相区加热，淬火组织中有渗碳体存在，由于经过预备热处理后渗碳体已被球化，因而淬火后组织为马氏体 + 残余奥氏体 + 颗粒状渗碳体，如图 6 – 17 所示，图中的白色颗粒为渗碳体。

图 6 – 16　45 钢正常淬火组织

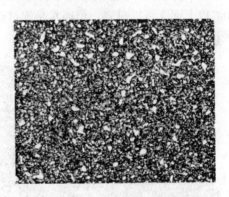

图 6 – 17　T12 钢正常淬火组织

需要指出的是，图 6 – 13 中的粗针状马氏体是为了看清楚马氏体的形态，选用了含 Mn 的高碳钢，故意提高淬火温度获得的，这种组织在生产上是不允许的。

（2）淬火钢在回火时形成的组织

非平衡的淬火马氏体一般硬度高、脆性大，存在很大的内应力，为减少或消除淬火内应力、稳定工件尺寸、获得所需要的性能，钢在淬火后必须立即回火。随回火温度升高，淬火马氏体逐渐向平衡组织过渡。

回火马氏体：是淬火马氏体经低温（150 ~ 250℃）回火得到的，光学显微镜下的形态与淬火马氏体相同，但由于有高度弥散的 ε – 碳化物析出（在光镜下难以分辨），所以容易浸蚀显示，浸蚀后颜色较深，呈黑色，如图 6 – 18 所示，图中的白色相为残余奥氏体。由于组织中的铁素体仍是过饱和的并存在残余奥氏体，所以回火马氏体仍是非平衡组织。

回火托氏体：是淬火马氏体经中温（350 ~ 500℃）回火得到的，在光学显微镜下，回火托氏体为保持马氏体形态的平衡铁素体与细颗粒状渗碳体的机械混合物，如图 6 – 19 所示。

图 6 – 18　回火马氏体

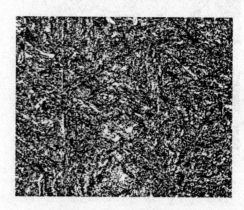

图 6 – 19　回火托氏体

回火索氏体：是淬火马氏体经高温（500～650℃）回火得到的，在光学显微镜下，回火索氏体为多边形铁素体基体上分布着较细的颗粒状渗碳体组织，如图 6 – 20 所示。

球状珠光体：是在铁素体基体上分布着粗颗粒状渗碳体的组织（图 6 – 21），虽经 650℃以上回火可以得到，但通常是通过球化退火直接获得，它是过共析钢的预备热处理组织。

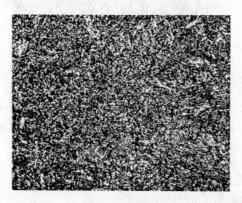

图 6 – 20　回火索氏体

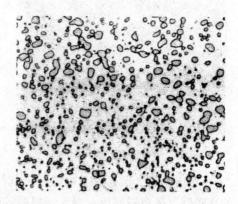

图 6 – 21　球状珠光体

三、实验设备与试样

碳钢试样。

四、实 验 步 骤

1. 按表 6 –4 所列工艺条件进行各种热处理操作，测定热处理后的全部试样的硬度（炉冷、空冷试样测 HB，水冷和低温、中温回火试样测 HRC），并将数据填入表内。

2. 观察试样，根据试样成分和热处理条件弄清组织转变过程，区分显微镜下看到的各种组织。

表 6-4   实验任务表

钢号	热处理工艺			硬度值 HRC 或 HRB				换算为 HB 或 HV	预计组织
	加热温度/℃	冷却方式	回火温度/℃	1	2	3	平均		
45	860	炉冷							
		空冷							
		油冷							
		水冷							
		水冷	200						
		水冷	400						
		水冷	600						
	750	水冷							
T10	750	炉冷							
		空冷							
		油冷							
		水冷							
		水冷	200						
		水冷	400						
		水冷	600						
	860	水冷							

3. 画出 45 钢、T10 钢在各种热处理状态下的微观组织。

五、思考题及实验结果分析

1. 写出实验目的。

2. 列出全套硬度数据，并将 HRC、HRB 的硬度值查表换算为 HB 或 HV 值。

3. 根据热处理原理，预计各种热处理后的组织，并填入表中。

4. 分析含碳量、淬火温度、冷却方式及回火温度对碳钢性能（硬度）的影响，根据数据画出它们同硬度的关系曲线，并阐明硬度变化的原因。

5. 附上所画组织图并写出获得该组织的热处理条件。

第三节　综合实验——冷冲模材料热处理、性能试验及失效分析

一、实 验 目 的

1. 根据 Cr12 冷冲模材料的使用要求，做一个热处理工艺设计。

2. 对小试样进行微观组织分析、力学性能试验、材料结构表征实验。

3．取实验或生产中的不合格样品，进行失效分析。

二、实验基本原理

综合利用实验和试验仪器，对材料进行处理、观察和分析。

三、实验设备与试样

X 射线扫描仪、扫描电镜、自行制备的 Cr12 冷冲模试样。

四、实 验 步 骤

1．工作条件及技术要求

Cr12 冷冲模在工作时由于被加工材料的变形抗力比较大，模具的工作部分承受很大的压力、弯曲力、冲击力及摩擦力，失效形式主要是磨损、断裂、崩刃和变形超差。对冷冲模具用钢使用性能的基本要求是：① 具有高硬度和强度，以保证模具在工作过程中抗压、耐磨、不变形、抗粘合；② 具有高耐磨性，以保证模具在长期工作中，其形状和尺寸公差在一定范围内变化，不因过分磨损而失效；③ 具有足够的韧性，以防止模具在冲击负荷下产生脆性断裂；④ 有较高的热硬性，以保证模具在高速冲压或重负荷冲压工序中不因温度升高而软化。本实验要求结合所学专业知识做一个热处理工艺设计，包括加工工艺路线安排、材料选择、热处理工艺制定（设备选择、加热时间、保温时间、冷却方式）等。

2．材料热处理及微观组织分析

（1）以小试样为样品按设计的工艺方法进行淬火、正火、退火、回火等热处理。

（2）对样品制样、组织观察分析。

3．材料力学性能试验

测定样品的硬度、强度和塑性、韧性。

4．材料结构表征实验

对部分试样利用 X 射线、扫描电镜（SEM）分析基体和断口的相结构及微观形貌。

5．典型零件的失效分析

取实验或生产中的不合格样品，按照失效分析的基本思路和程序进行分析，重点对失效模式、裂纹源判定、失效基本原因进行分析。

五、思考题及实验结果分析

综合以上实验内容，撰写实验报告。

第七章　液压与气压传动实验

第一节　液压元件拆装实验

一、实　验　目　的

1. 通过对液压元件的拆装实验，认识常见液压元件的外形尺寸，了解元件的内部结构。
2. 通过对液压元件的结构分析，加深理解液压元件的工作原理及性能应用。

二、实　验　原　理

通过《液压气压传动》教材了解液压元件的结构和工作原理，主要包括液压泵（齿轮泵、叶片泵、柱塞泵）、液压阀（换向阀、溢流阀、减压阀、节流阀）、液压缸等液压元件。

三、实验设备与仪器

1. 供拆装的液压元件：齿轮泵、叶片泵、柱塞泵、换向阀、溢流阀、减压阀、节流阀、液压缸等。
2. 拆装工具。

四、实验步骤与方法

1. 实验内容

（1）液压泵拆装实验。

（2）液压阀拆装实验。

（3）液压缸拆装实验。

2. 实验基本规程

（1）从外形上仔细检查液压元件的外形及进出油口，记录液压元件的类型与参数。

（2）按照所拆装的元件特点和结构，选择合适的工具逐步操作。

（3）拆卸完毕后，摆放好各零部件，仔细分析液压元件的结构特点及功能。

（4）组装前，擦净所有的零部件，并用液压油涂抹所有滑动表面，注意不能损坏密封装置及配合表面。

（5）按拆卸的反顺序进行装配，确保不遗漏，完成所有零部件装配。

（6）归还液压元件，整理工具，清洁试验台。

五、思考题及实验结果分析

1. 组成齿轮泵的各个密封空间指的是哪一部分？它由哪几个零件表面组成？
2. 齿轮泵油液从吸油腔到压油腔的油路途径是怎样的？
3. 双作用叶片泵的工作原理是什么？

4. 组成三位四通换向阀的主要零件有哪些？

5. 组成直动式溢流阀的主要零件有哪些？

6. 先导式溢流阀的主阀芯上的阻尼孔的作用是什么？远控口的位置在哪里，其主要作用有哪些？

7. 液压缸主要由哪些零件组成？

8. 通过拆装分析溢流阀与减压阀结构上的区别。

第二节　变量叶片泵静、动态特性实验

一、实 验 目 的

1. 测量限压式变量叶片泵的静态特性

（1）流量 – 压力特性曲线。

（2）液压泵拐点压力 90% 前的容积效率及液压泵的总效率。

2. 测量叶片泵的动态特性

二、实 验 原 理

限压式变量叶片泵，当系统压力达到限定压力后，便自动减少液压泵的输出流量。该类液压泵的 q – p（流量 – 压力）特性曲线如图 7 – 1 所示，调节液压泵的限压弹簧的压缩量，可调节液压泵拐点的压力 P_B 的大小，就可改变液压泵的最大供油压力，调节液压泵的限位块位置螺钉，可改变液压泵的最大输出流量。

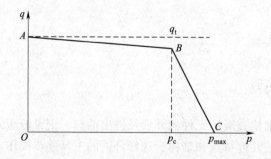

图 7 – 1　限压式变量叶片泵（流量 – 压力）特性曲线

三、实 验 装 置

参阅图 7 – 2，选择液压模块 A、D 组成叶片泵实验台液压系统。

四、实 验 步 骤

1. 静态试验

（1）关闭溢流阀 20 将溢流阀 6 调至 6.3MPa 作安全阀（关闭节流阀 8 和流量阀 7 时液压泵的最大压力），在节流阀 8 加载和卸荷下逐点记录压力 p、流量 q，以及泵的外泄漏

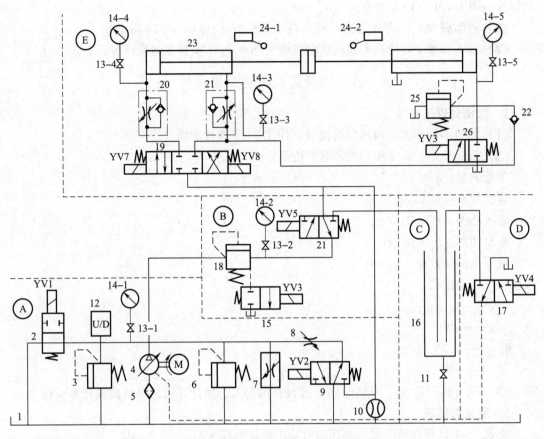

图 7 - 2　液压综合实验台

1—油箱　2、15、26—二位二通电磁阀　3、6、25—溢流阀　4—变量泵　5—滤油器　7—调速阀

8—节流阀　9、17、21—二位三通电磁阀　10—流量计　11—截止阀　12—压力传感器　13—截止阀

14—压力表　16—量杯　18—被试阀　19—三位四通电磁阀

20，21—单向节流阀　22—单向阀　23—液压缸　24—行程开关

量 q_x，作出 $q-p$ 特性曲线，记录并计算各不同压力点的功率，总效率，液压泵的拐点处 90% 压力前的各点容积效率。

（2）将实验数据输入计算机相应表格中，由计算机显示及打印流量 - 压力，功率 - 压力，液压泵效率 - 压力特性曲线。

2. 压力动态响应试验

（1）关闭流量阀 7，将节流阀 8 调节到一定的开度与压力。

（2）按电磁铁 YV1 得电按钮，使系统突然加载；系统的压力波形由压力传感器 12 和功率放大等单元转换成电压波形，由计算机记录与绘制动态压力上升响应曲线。

（3）按 YV1 复位按钮，使系统突然卸荷，系统的压力波形由压力传感器 12 和功率放大等单元转换成电压波形，由计算机记录与绘制动态压力卸荷响应曲线。

3. 数据测试

（1）压力 p　用压力表 14 - 1（读数）和压力传感器 12 测量。

（2）流量 q　采用安置在实验台面板上的椭圆齿轮流量计 10 和秒表测量（流量计指针每转一圈为 10L，YV2 得电）。

（3）外泄漏量 q_x　用秒表测 t_x 时间内小量杯 16 的容积（YV4 得电）。

（4）输入功率 P　用功率表测量电机输入功率 P_1（安置在实验台面板上）。

五、思考题及实验结果分析

1. 数据处理

（1）测得不同压力时液压泵的流量，作出 $q-p$ 特性曲线。

（2）理论流量：q_0（压力为零时的流量）

实验流量：q

容积效率：$\eta_r = q/q_0$

输入功率：$P_1 = P_{表} \cdot \eta_{电机}$

输出功率：$P_2 = pq/60$

液压泵的总效率：$\eta_b = P_1/P_2$

式中，P——MPa

$\quad\quad q$——L/min

$\quad\quad p$——kW

$\quad \eta_{电机}$——0.75

$\quad\ P_{表}$——kW

（3）压力超调量 Δp、升压时间 t_1 及卸荷时间 t_2，由计算机记录的曲线计算所得。

2. 测试数据表

由表 7-1 计算在液压泵最高压力时：小量杯容积 V：_____mL

$\quad\quad\quad\quad\quad\quad\quad\quad\quad\quad\quad$ 流量时间 t_x：_____s

$\quad\quad\quad\quad\quad\quad\quad\quad\quad\quad\quad$ 泵外泄漏 p_x：_____L/min

表 7-1　　　　　　　　　　　　　测试数据表

序号	p_1/MPa	$q/(1/\min)$	P_1/kW	P_2/kW	η_r/%	η_b/%
1						
2						
3						
4						
5						
6						
7						
8						
9						

3. 实验结果分析

（1）作出 $q-p$（流量-压力）特性曲线。

（2）作出 P – p（功率 – 压力）特性曲线。

（3）作出 η_b – p（总功率 – 压力）特性曲线。

（4）求出液压泵拐点压力 90% 处容积效率 η_r。

（5）由计算机绘制液压泵的动态压力响应特性曲线，并得出压力超调量 ΔP，升压响应时间 t_1 及卸荷响应时间 t_2。

第三节　溢流阀——静动态特性实验

一、实 验 目 的

溢流阀是液压系统中应用最广的液压元件，通过本实验了解溢流阀的静动态性能及其基本测试方法。

二、实 验 原 理

1. 溢流阀的静态特性实验

（1）溢流阀高压范围，卸荷压力，内泄漏等。

（2）溢流阀启闭特性。

2. 压力阶跃响应动态特性实验

溢流阀压力阶跃特性：压力超调量，升压时间及卸荷时间如图 7 – 3。

3. 实验参数

被试阀调定压力：$P = 4.0\text{MPa}$

被试阀调定流量：$q = 14\text{L/min}$

压力：用液压综合实验台压力表 14 – 1 和压力传感器 12 测量；

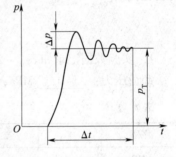

图 7 – 3　溢流阀的动态特性曲线

流量：小流量用量杯 16 和秒表测量，大流量用椭圆齿轮流量计 10 和秒表测量（流量计指针走一圈为 10L）。

三、实 验 设 备

参阅液压系统图 7 – 2，选择液压模块 ABC 组成的溢流阀特性实验回路。

四、实 验 步 骤

使电磁铁 YV1 ~ YV8 失电，调速阀 7 与节流阀 8 关闭，放松溢流阀 6 的调压弹簧，开启液压泵 4。然后使 YV1 得电，拧紧溢流阀 6 的调压弹簧。

1. 调压范围

使 YV3 失电，将被试阀 20 从最低压力慢慢地调至调定压力 4MPa；

2. 卸荷压力

YV3 得电，使阀 20 卸荷，测试阀 20 的进出口压差 $P_1 - P_2$；

3. 内泄漏

拧紧阀 20 的调压弹簧，调节系统溢流阀 6，使 P_1 等于额定压力 4.0MPa，YV5 得电，用小量杯 16 测被试阀 20 的回油口的泄漏量，用秒表计时。

4．启闭特性

（1）通过调节系统溢流阀 6 和调速阀 7 及被试阀 20，使通过阀 20 的流量为设定值，并使压力也为调定值，然后，锁定被试阀 20 的调节手柄，放松阀 6 的调压弹簧，使系统卸荷。

（2）调节系统溢流阀 6，缓慢加压，YV5 得电，用小量杯 16 测量，用秒表时，注意小量杯的油不要溢出杯外，如果进入量杯油过多，应立即按阀 21 的复位按钮（YV5 失电），等流量增大后，使 YV5 失电，用椭圆齿轮流量计 10 和秒表测量流量，逐点记录 p 与流量 q 值，直到调定流量及调定压力，然后调节系统溢流阀 6，逐渐降压，逐点记录 P 与 q 值。输入计算机表格，由计算机绘制曲线。

5．压力阶跃动态特性

（1）调节被试阀 20 的压力为 4.0MPa，通过调定流量。

（2）使 YV3 突然通电，系统压力突然卸荷，被溢流阀 20 的压力波形由压力传感器 12 和功率放大单元转换成电压波形，由计算机记录压力变化波形。

（3）按电磁铁 YV3 失电的拉钮，使系统突然升压，同样由计算机记录溢流阀 20 的压力变化波形。

五、数据记录及实验结果

1．实验数据记录如表 7–2 所示，被试阀的调压范围：_____MPa；

卸荷压力：_____MPa；　　　　内泄漏量：_____L/min（额定压力 4MPa）；

表 7–2　　　　　　　　　　　　　实验数据表

序号	1	2	3	4	5	6	7
p/MPa							
V/L							
T/s							
$q/(\text{L/min})$							

2．由计算机绘制溢流阀的启闭特性

① 根据启闭特性的实验曲线得到：开启压力、开启率、闭合压力、闭合率。

② 根据实验压力阶跃特性曲线得到：压力超调量 ΔP、压力上升响应时间 t_1、压力卸荷响应时间 t_2。

第四节　液压系统节流调速实验

一、实 验 目 的

1．通过对节流阀三种节流调速回路的实验，得出它们的调速回路特性曲线，并分析它们的调速性能（速度–负载特性）。

2. 通过对节流阀和调速阀调速回路的对比实验，分析比较它们的速度 – 负载特性。

二、实 验 原 理

节流调速回路是由定量泵、流量控制阀、溢流阀和执行元件组成的。它通过改变流量控制阀阀口的开度，即通流截面积来调节和控制流入或流出执行元件的流量，以调节其运动速度。节流调速回路按照其流量控制阀安放位置的不同，有进口节流调速，出口节流调速和旁路节流调速三种。流量控制阀采用节流阀或调速阀时，其调速性能各有自己的特点，同是节流阀，调速回路不同，它们的调速性能也有差别。

三、实 验 设 备

本实验台液压系统回路如图 7 – 2 所示，它由 A、E 液压模块组成。

四、实 验 要 求

1. 根据实验台液压系统回路（图 7 – 2），熟悉实验台的工作原理及操作方法。

2. 按照实验目的自己制定实验方案（系统压力调节为 4.0MPa）。

（1）进油路节流阀调速系统的速度 – 负载特性；

（提示：关闭阀 20，关闭阀 7、8，阀 27 逆时针开最大，调节阀 26 为某一开度，开大阀 27，调节阀 28）

（2）回油路节流阀调速系统的速度 – 负载特性；

（提示：关闭阀 20，关闭阀 7、8，阀 26 逆时针开最大，调节阀 27 为某一开度，开大阀 26，调节阀 28）

（3）旁油路节流阀调速系统的速度 – 负载特性；

（提示：关闭阀 7，阀 26、27 逆时针开最大，调节阀 8 为某一开度，调节阀 28）

（4）旁路调速系统的速度 – 负载特性；

（提示：关闭阀 8，阀 26、27 逆时针开最大，调节阀 7 为某一开度，调节阀 28）

3. 定实验数据，并绘制采用节流阀或调速阀的进口、出口、旁路节流阀回路的速度 – 负载特性曲线。

4. 分析，比较实验结果。

五、实验结果分析

1. 实验数据记录于附表中，计算机屏幕显示液压缸相应的速度值。

2. 将负载压力和液压缸相应的实验数据输入计算机相应的表格。

3. 由计算机绘制各种节流调速系统的速度 – 负载特性曲线，并进行分析比较。

第五节　液压回路设计及组装实验

一、实 验 目 的

1. 通过实验，进一步加深和了解组成液压系统的一些基本回路及其特性。

2. 了解液压回路中主要液压元件的工作原理及作用。

3. 掌握液压回路的组装过程及调试方法。

二、实验设备与仪器

1. 多功能液压教学实验台。

2. PLC 控制装置。

3. 常用液压元件。

4. 连接用软管、接头。

三、实　验　内　容

1. 典型液压回路的设计。

2. 液压回路的组装。

四、实　验　步　骤

1. 按自己设计的液压回路，选择有关液压元件。

2. 将液压元件挂装在实验台挂装架上。

3. 用软管将液压元件连接构成回路，并接入输入口。

4. 检查回路组装是否正确，确认后，接通电源。

5. 启动油泵并升压。

6. 观察回路特性。

五、实验结果分析

分析实验中发生的现象。

第六节　气动基本回路实验（一）

一、实　验　目　的

1. 理解调速回路的顺序过程，了解各种气动元件的特性。

2. 掌握根据单向节流阀控制气缸速度的方法。

二、实　验　设　备

1. 双作用气缸 2 个、气泵。

2. 单向节流阀 2 个、气控二位五通换向阀 2 个。

三、实　验　原　理

如图 7-4（a）所示，当机控换向阀不换向时，进入气缸左腔的气流流经节流阀，右腔排出的气体直接经换向阀快排。当节流阀开度较小时，由于进入左腔的流量较小，压力缓慢上升。当气压达到能克服负载时，活塞前进，此时左腔容积增大，结果使压缩空气膨胀，压力下降，使作用在活塞上的力小于负载，因而活塞停止前进。

图7-4（b）图示位置时，当机控换向阀不换向时，从气源来的压缩空气经机控换向阀直接进入气缸的 A 腔，而 B 腔排出的气体必须经节流阀到机控换向阀而排入大气，因而 B 腔中的气体具有一定的压力，此时活塞在 A 腔和 B 腔的压力差作用下前进，而减少爬行发生的可能。

图7-4（c）图示位置时，机控换向阀无论处于左右位时，从气源来的压缩空气经机控换向阀流经节流阀进入气缸的 A 腔，而 B 腔排出的气体也经节流阀到机控换向阀而排入大气，减小活塞的爬行的可能性。

四、实　验　步　骤

1. 根据原理回路图组建气动回路

已知回路图，根据图中给出的连接顺序，连接气动回路。

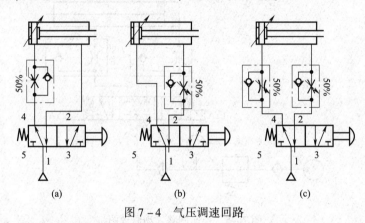

(a)　　　　　(b)　　　　　(c)

图7-4　气压调速回路

2. 根据回路图检查气动回路
3. 试运行回路，调整单向节流阀

注意事项：

（1）气泵的压力值不得随意调整；

（2）各个元件连接顺序严格按照回路图连接；

（3）注意单向节流阀的调整。

五、思考题与实验结果分析

1. 分析回路图，写出三个回路的工作过程。
2. 观察实验，随时记录三个气动回路中的现象。
3. 通过实验，分析气动回路并列表比较。

第七节　气动基本回路实验（二）

一、实　验　目　的

理解气动系统中换向阀的作用及气动换向阀、电磁换向阀的动作条件，掌握双作用气缸伸出与返回的条件。

二、实 验 设 备

1. 气动实验台：空压机1台；二联件1个；三位五通电磁换向阀1个；单向节流阀2个；双作用气缸1个；连接管道若干。
2. PC 机或编程器1台。
3. 通讯电缆1根。

三、实 验 原 理

1. 气动原理

双作用气缸换向回路原理图如图7−5所示。

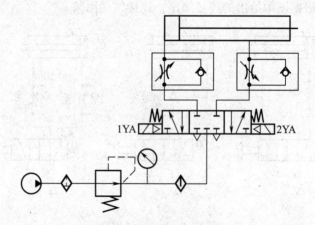

图 7 − 5　换向回路气动原理图

2. I/O 口分配及电磁铁动作顺序表

输入	按钮	状态
X000	S2	前进
X002	S4	后退
X004	S6	停止

输出		状态
Y002		前进灯亮
Y002		前进 1YA +
Y003		后退 2YA +
Y003		后退灯亮
Y004		停止灯亮

其中1YA、2YA互锁。

3. PLC 参考程序

梯形图：如图7-6。

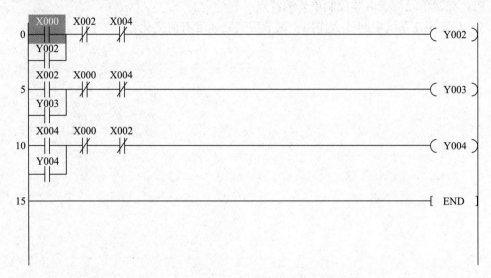

图7-6　参考梯形图

语句表：

00	LD	X000	08	ANI	X004
01	OR	Y002	09	OUT	Y003
02	ANI	X002	10	LD	X004
03	ANI	X004	11	OR	Y004
04	OUT	Y002	12	ANI	X000
05	LD	X002	13	ANI	X002
06	OR	Y003	14	OUT	Y004
07	ANI	X000	15	END	

四、实 验 步 骤

1. 按下 S2 按钮，气缸向前伸出。
2. 按下 S4 按钮，气缸向后退回。
3. 按下 S6 按钮，气缸任意位置停止。
4. 气缸在前进和后退过程中有相应指示灯显示。

五、思考题及实验结果分析

1. 本次试验目的是什么？试验所用到的设备、元件有哪些？

2. 搭建出换向回路，写出搭建步骤和实验过程。

3. 记录节流阀工作调节前后压力值；并测试当时气缸的运动速度。

4. 设计全气控双作用气缸换向回路或改用继电器控制单元，并比较气动换向阀的特点、PLC 控制单元与继电器控制单元的特点。

5. 节流阀在系统中起什么作用？调节后气缸速度有何变化？

第八章 机电控制实验

第一节 控制系统典型环节的模拟

一、实 验 目 的

了解典型环节的组成、模拟电路及一阶响应。

二、实 验 原 理

由运算放大器、电阻、电容等组成的各个典型环节，通过在外部施加阶跃信号，运用示波器观察输出的响应信号。

1. 比例环节

实验模拟电路见图 8－1 所示。

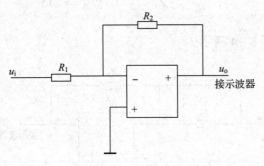

图 8－1 比例环节

传递函数：
$$G(s) = -\frac{R_2}{R_1} = -K$$

2. 惯性环节

实验模拟电路见图 8－2 所示。

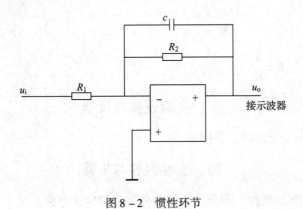

图 8－2 惯性环节

109

传递函数： $$G(s) = -\frac{Z_1}{Z_2} = -\frac{\dfrac{R_2}{CS}}{\dfrac{R_2 + \dfrac{1}{CS}}{R_1}} = -\frac{R_2}{R_1} \cdot \frac{1}{R_2 CS + 1} = -\frac{K}{TS + 1}$$

3. 积分环节

实验模拟电路见图 8 - 3 所示。

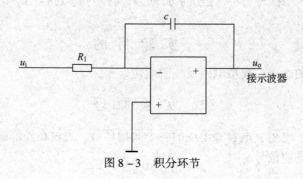

图 8 - 3　积分环节

传递函数： $$G(s) = -\frac{Z_2}{Z_1} = -\frac{\dfrac{1}{CS}}{R} = -\frac{1}{RCS} = \frac{1}{TS}$$

4. 比例微分环节

实验模拟电路见图 8 - 4 所示。

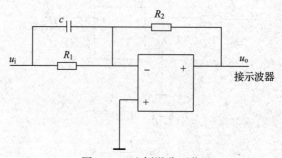

图 8 - 4　比例微分环节

传递函数： $$G(s) = -\frac{Z_2}{Z_1} = -\frac{R_2}{\dfrac{\dfrac{R_1}{CS}}{R_1 + \dfrac{1}{CS}}} = -\frac{R_2}{R_1} \cdot (R_1 CS + 1) = -K(T_D S + 1)$$

其中，$T_D = R_1 C$，$K = \dfrac{R_2}{R_1}$

三、实验设备与仪器

控制工程试验箱、示波器、万用表。

四、实验内容与步骤

1. 分别画出比例、惯性、积分、比例微分环节的电子电路。

2. 熟悉实验设备并在实验设备上分别联接各种典型环节。

3. 按照给定的实验参数，利用实验设备完成各种典型环节的阶跃特性测试，观察并记录其单位阶跃响应波形。

五、思考题与实验结果分析

1. 画出四种典型环节的实验电路图，并标明相应的参数。

2. 画出各典型环节的单位阶跃响应波形，并分析参数对响应曲线的影响。

3. 用运放模拟典型环节时，其传递函数是在哪两个假设条件下近似导出？

4. 积分环节和惯性环节主要差别是什么？在什么条件下，惯性环节可以近似为积分环节？在什么条件下，又可以视为比例环节？

5. 如何根据阶跃响应的波形，确定积分环节和惯性环节的时间常数？

第二节 二阶系统的瞬态响应分析

一、实 验 目 的

1. 学习二阶系统阶跃响应特性的测试方法。

2. 了解系统参数对阶跃响应特性的影响。

3. 分析二阶系统无阻尼自然频率 ω_n、阻尼比 ζ 与过渡过程时间峰值时间 t_p、超调量 M_p 之间的关系，特别要了解系统两个重要参数阻尼比 ζ 和时间常数 $\zeta\omega_n$ 对系统动态特性的影响。

二、实 验 原 理

图 8 – 5 为二阶系统的方框图，它的闭环传递函数为

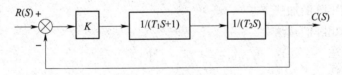

图 8 – 5 二阶系统的方框图

$$\frac{C(S)}{R} = \frac{K/(T_1 T_2)}{S^2 + S/T_1 + K/(T_1 T_2)} = \frac{\omega_n^2}{S^2 + 2\zeta\omega_n S + \omega_n^2}$$

根据上式求得

$$\omega_n = \sqrt{K/(T_1 T_2)}, \zeta = \sqrt{T_2/(4 T_1 K)}$$

三、实验设备与仪器

控制工程试验箱、示波器、万用表。

四、实 验 步 骤

1. 令 $T_1 = 0.2s$，$T_2 = 0.5s$，画出模拟电路图

2. 画出系统的阶跃响应曲线

（1）过阻尼（$\zeta > 1$），取 $\zeta = 2$

（2）临界阻尼（$\zeta = 1$）

（3）欠阻尼（$\zeta < 1$），取 $\zeta = 0.1$

五、实验结果分析

计算 ω_d，超调量 M_p，峰值时间 t_p。

第三节 控制系统应用软件及典型控制系统建模分析

一、实 验 目 的

1. 掌握 MATLAB 软件使用的基本方法。

2. 熟悉 MATLAB 的数据表示、基本运算和程序控制语句。

3. 熟悉 MATLAB 程序设计的基本方法。

4. 学习用 MATLAB 创建控制系统模型。

二、实 验 原 理

1. MATLAB 的基本知识

MATLAB 是矩阵实验室（Matrix Laboratory）之意。MATLAB 具有卓越的数值计算能力，具有专业水平的符号计算，文字处理，可视化建模仿真和实时控制等功能。MATLAB 的基本数据单位是矩阵，它的指令表达式与数学，与工程中常用的形式十分相似。

常用运算符及特殊符号的含义与用法如下：

+ 数组和矩阵的加法

－ 数组和矩阵的减法

＊ 矩阵乘法

／ 矩阵除法

[ ] 用于输入数组及输出量列表

（ ） 用于数组标识及输入量列表

％ 其后内容为注释内容，都将被忽略，而不作为命令执行

举例：矩阵的输入

$$A = \begin{vmatrix} 1 & 2 & 3 \\ 4 & 5 & 6 \\ 7 & 8 & 9 \end{vmatrix}$$

矩阵的输入要一行一行的进行，每行各元素用","或空格分开，每行用";"分开。

MATLAB 书写格式为：

A = [1, 2, 3; 4, 5, 6; 7, 8, 9]

或 A = [1 2 3; 4 5 6; 7 8 9]

2. 系统建模

（1）系统的传递函数模型

系统的传递函数为：

$$G(s) = \frac{C(s)}{R(s)} = \frac{b_1 s^m + b_2 s^{m-1} + \cdots + b_n s + b_{m+1}}{a_1 s^n + a_2 s^{n-1} + \cdots + a_n s + a_{n+1}}$$

该系统在 MATLAB 中可以方便地由分子和分母系数构成的两个向量唯一地确定出来，这两个向量可分别用变量名 num 和 den 表示。

$$num = [b_1, \ b_2, \ \cdots, \ b_m, \ b_{m+1}]$$
$$den = [a_1, \ a_2, \ \cdots, \ a_n, \ a_{n+1}]$$

注意：它们都是按 s 的降幂进行排列的。

举例：

传递函数：

$$G(s) = \frac{12s^3 + 24s^2 + 20}{2s^4 + 4s^3 + 6s^2 + 2s + 2}$$

输入：

＞＞num = [12, 24, 0, 20], den = [2 4 6 2 2]

显示：

num = 12　　24　　0　　20

den = 2　　4　　6　　2　　2

（2）模型的连接

① 并联：parallel

格式：

[num, den] = parallel（num1, den1, num2, den2）% 将并联连接的传递函数进行相加。

举例：

传递函数：

$$G_1(s) = \frac{3}{s+4} \qquad G_2(s) = \frac{2s+4}{s^2+2s+3}$$

输入：

＞＞num1 = 3; den1 = [1, 4]; num2 = [2, 4]; den2 = [1, 2, 3]; [num, den] = parallel（num1, den1, num2, den2）

显示：

num = 0　　5　　18　　25

den = 1　　6　　11　　12

② 串联：series

格式：

[num, den] = series（num1, den1, num2, den2）　　% 将串联连接的传递函数进行相乘。

③ 反馈：feedback

格式：

[num, den] = feedback（num1, den1, num2, den2, sign）

● % 将两个系统按反馈方式连接，系统 1 为对象，系统 2 为反馈控制器，系统和闭环系统均以传递函数的形式表示。sign 用来指示系统 2 输出到系统 1 输入的连接符号，sign 缺省时，默认为负，即 sign = -1。总系统的输入/输出数等同于系统 1。

（3）闭环：cloop（单位反馈）

格式：

［numc，denc］= cloop（num，den，sign）

- %表示由传递函数表示的开环系统构成闭环系统，sign 意义与上述相同。

三、实验设备与仪器

1. 电脑，1 台/人。
2. MATLAB 软件。
3. 打印机。

四、实 验 步 骤

1. 掌握 MATLAB 软件使用的基本方法。
2. 用 MATLAB 产生下列系统的传递函数模型，记录程序及显示结果：

$$G(s) = \frac{s^4 + 3s^3 + 2s^2 + s + 1}{s^5 + 4s^4 + 3s^3 + 2s^2 + 3s + 2}$$

3. 系统结构图如图 8 - 6 所示，求其传递函数模型，记录程序及显示结果。

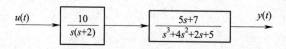

图 8 - 6　系统结构图

4. 系统结构图如图 8 - 7 所示，传递函数模型，记录程序及显示结果。

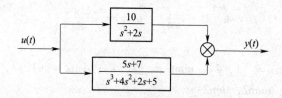

图 8 - 7　系统结构图

5. 系统结构图如图 8 - 8 所示，求其多项式传递函数模型，记录程序及显示结果。

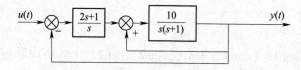

图 8 - 8　系统结构图

五、实验结果分析

利用 MATLAB 分析上述系统结构。

第四节　电机正反转的继电器控制

一、实　验　目　的

1. 通过对三相异步电动机正反转控制线路的接线，掌握由电路原理图接成实际操作电路的方法。

2. 掌握三相异步电动机正反转的原理和方法。

3. 掌握接触器联锁控制、按钮联锁控制及按钮和接触器双重联锁控制电机正反转的不同接法，并熟悉在操作过程中有哪些不同之处，比较各自的优缺点。

二、实　验　原　理

利用继电器对电机进行正反转控制，控制电路如图 8-9 所示。

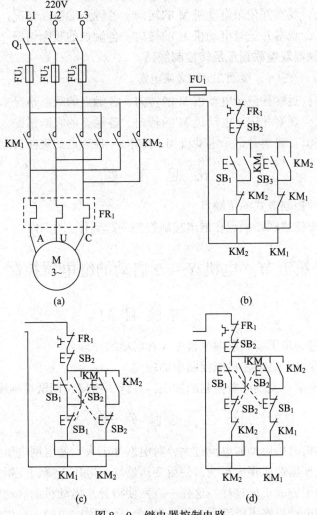

图 8-9　继电器控制电路

（a）主电路　　（b）接触器联锁控制　　（c）按钮联锁控制　　（d）按钮和接触器双重联锁控制

三、实验设备与仪器

电机及电器技术实验装置。

四、实 验 步 骤

1. 接触器联锁正反转控制线路

（1）合上电源开关 Q_1，接通 220V 三相交流电源。

（2）按下 SB_1，观察并记录电动机 M 的转向、接触器自锁和联锁触点的吸断情况。

（3）按下 SB_3，观察并记录 M 的运转状态、接触器各触点的吸断情况。

（4）再按下 SB_2，观察并记录 M 的转向、接触器自锁和联锁触点的吸断情况。

2. 按钮联锁正反转控制线路

（1）合上电源开关 Q_1，接通 220V 三相交流电源。

（2）按下 SB_1，观察并记录电动机 M 的转向、各触点的吸断情况。

（3）按下 SB_3，观察并记录电动机 M 的转向、各触点的吸断情况。

（4）按下 SB_2，观察并记录电动机 M 的转向、各触点的吸断情况。

3. 按钮和接触器双重联锁正反转控制线路

（1）合上电源开关 Q_1，接通 220V 交流电源。

（2）按下 SB_1，观察并记录电动机 M 的转向、各触点的吸断情况。

（3）按下 SB_3，观察并记录电动机 M 的转向、各触点的吸断情况。

（4）再按下 SB_2，观察并记录电动机 M 的转向、各触点的吸断情况。

五、思 考 题

1. 试分析三种控制方式的优缺点。

2. 接触器和按钮的联锁触点在继电接触控制中起到什么作用？

第五节　电机 Y－△ 启动的继电器控制

一、实 验 目 的

1. 通过实验进一步了解和掌握电机 Y－△ 启动的原理。

2. 进一步掌握电机启动在机床控制中的应用。

3. 提高利用所学有关继电器控制的知识，设计、搭接、调试控制线路的能力。

二、实 验 原 理

三相异步电动机直接启动时电流过大，对电网冲击大。使电网电压降低，对于异步电动机的前端供电变压器造成很大影响，使得变压器输入电压下降幅度很大。由于电动机的启动转矩与电压的平方成正比这样，这样一方面使得异步电动机的启动转矩下降很多，当负载较重时，异步电动机将不能启动；另一方面，还会影响由同一台供电变压器供电的其它负载，如电灯变暗，设备失常，重载的异步电动机可能停转等。

所以，在不允许直接启动时，则采用限制启动电流的降压启动。电机的 Y － △ 降压启动便是其中的方法之一。

Y － △ 降压启动的接线图如图 8 － 10 所示，启动时，接触器的触点 KM 和 1KM 闭合，2KM 断开，将定子绕组接成星形；待转速上升到一定程度后再将 1KM 断开，2KM 闭合，将定子绕组接成三角形，电动机启动过程完成而转入正常运行。这适用于电动机运行时定子绕组接成三角形的情况。

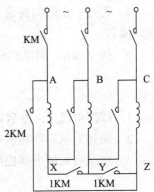

图 8 － 10　Y － △ 降压启动的接线图

设 U_1 为电源线电压，I_{stY} 及 $I_{st\triangle}$ 为定子绕组分别接成星形及三角形的启动电流（线电流），Z 为电动机在启动时每相绕组的等效阻抗。则有

$$I_{stY} = U_1/(\sqrt{2}Z),\quad I_{st\triangle} = \sqrt{3}U_1/Z$$

所以 $I_{stY} = I_{st\triangle}/3$，即定子接成星形时的启动电流等于接成三角形时启动电流的 1/3，而接成星形时的启动转矩 $T_{stY} \propto (U_1/\sqrt{3})^2 = U_1^2/3$，接成三角形时的启动转矩 $T_{st\triangle} \propto U_1^2$，所以，$I_{stY} = I_{st\triangle}/3$，即星形连接降压启动时的启动转矩只有三角形连接直接启动的 1/3。

三、实验设备与仪器

电机及电器技术实验装置。

四、实验步骤

1. 按图 8 －11 电路接线。

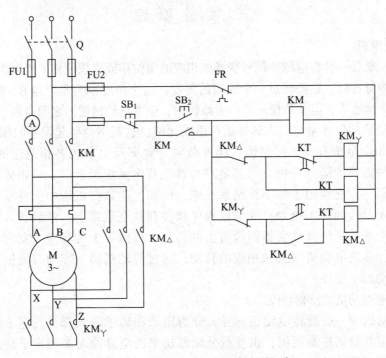

图 8 －11　星形 － 三角形连接减压电路

2. 启动控制屏，合上 Q，接通 200V 三相交流电源。

3. 按下 SB$_2$，电动机作 Y 接法启动，观察并记录电机运行情况和交流电表读数。

4. 经过一定时间延时，电机按△接法正常运行后，观察并记录电机运行情况和交流电表读数。

5. 按下 SB$_1$，电动机停止转动。

五、思 考 题

1. 试述电机 Y – △启动的原理。

2. 简述电机启动在机床控制中的应用。

3. 总结有关继电器控制的知识，如何设计、搭接、调试控制线路？

第六节 控制（步进）电机实验

一、实 验 目 的

1. 通过实验加深对步进电机工作原理的理解。

2. 学会对步进电机的调速方法。

3. 了解交流电机的变频调速原理。

二、实 验 仪 器

电机及电器技术实验装置。

三、实 验 原 理

1. 步进电机

步进电动机是一种将电脉冲信号变换成相应的角位移或直线位移的机电执行元件，每当输入一个电脉冲时，它便转过一个固定的角度，这个角度称为步距角 β，简称为步距。脉冲一个一个地输入，电动机便一步一步地转动，步进电动机便因之而命名。

步进电动机的位移量与输入脉冲数严格成比例，这就不会引起误差的积累，其转速与脉冲频率和步距角有关。控制输入脉冲数量、频率及电动机各相绕组的接通次序，可以得到各种需要的运行特性。尤其是当与其他数字系统配套时，它将体现出更大的优越性，因而，广泛地用于数字控制系统中。例如，在数控机床中，将零件加工的要求编制成一定符号的加工指令，或编成程序软件存放在磁带上，然后送入数控机床的控制箱，其中的数字计算机会根据纸带上的指令，或磁带上的程序，发出一定数量的电脉冲信号，步进电动机就会做相应的转动，通过传动机构，带动刀架做出符合要求的动作，自动加工零件。

（1）步进电动机的结构特点

步进电动机和一般旋转电动机一样，分为定子和转子两大部分。定子由硅钢片叠成，装上一定相数的控制绕组，由环行分配器送来的电脉冲对多相定子绕组轮流进行励磁；转子用硅钢片叠成或用软磁性材料做成凸极结构，转子本身没有励磁绕组的叫做"反应式步进电动机",用永久磁铁做转子的叫做"永磁式步进电动机"。步进电动机的结构形式虽然繁多,但工作原理都相同,下面仅以三相反应式步进电动机为例说明之。

图8-12所示为一台三相反应式步进电动机的结构示意图。定子有6个磁极,每两个相对的磁极上绕有一相控制绕组。转子上装有四个凸齿。

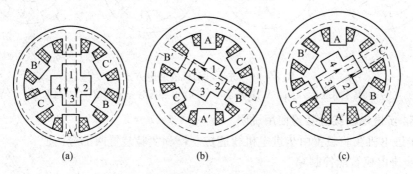

图8-12 单三拍通电式转子的位置

(a) A 相通电   (b) B 相通电   (c) C 相通电

(2) 步进电动机的工作原理

① 基本工作原理 步进电动机的工作原理,其实就是电磁铁的工作原理,如图8-12所示。由环形分配器送来的脉冲信号,对定子绕组轮流通电,设先对 A 相绕组通电,B 相和 C 相都不通电。由于磁通具有力图沿磁阻最小路径通过的特点,图8-12 (a) 中转子齿 1 和 3 的轴线与定子 A 极轴线对齐,即在电磁吸力作用下,将转子1、3 齿吸引到 A 极下。此时,因转子只受径向力而无切线力,故转矩为零,转子被自锁在这个位置上,此时,B、C 两相的定子齿则和转子齿在不同方向各错开30°。随后,如果 A 相断电,B 相控制绕组通电,则转子齿就和 B 相定子齿对齐,转子顺时针方向旋转30°,如图8-12 (b) 所示。然后使 B 相断电,C 相通电,同理转子齿就和 C 相定子齿对齐,转子又顺时针方向旋转30°,见图8-12 (c) 所示。可见,通电顺序为 A—B—C—A 时,转子便按顺时针方向一步一步转动。每换接一次,则转子前进一个步距角。电流换接三次,磁场旋转一周,转子前进一个齿距角(此例中转子有四个齿时为90°)。

欲改变旋转方向,则只要改变通电顺序即可,例如通电顺序改为 A—C—B—A,转子就反向转动。

② 通电方式 步进电动机的转速既取决于控制绕组通电的频率,也取决于绕组通电方式,三相步进电动机一般有单三拍、单双六拍及双三拍等通电方式,"单"、"双"、"拍"的意思是:"单"是指每次切换前后只有一相绕组通电,"双"就是指每次有两相绕组通电;而从一种通电状态转换到另一种通电状态就叫做一"拍"。步进电动机若按A—B—C—A方式通电,因为定子绕组为三相,每一次只有一相绕组通电,而每一个循环只有三次通电,故称为三相单三拍通电。如果按照 A—AB—B—BC—C—CA—A 的方式循环通电,就称为三相六拍通电,如图8-13所示。从该图可以看出:当 A 和 B 两相同时通电时,转子稳定位置将会停留在 A、B 两定子磁极对称的中心位置上。因为每一拍,转子转过一个步距角,由图8-12和图8-13可明显看出,三相三拍步距角为30°,三相六拍步距角为15°。

(a)　　　　　　　　(b)　　　　　　　　(c)　　　　　　　　(d)

图 8-13　进步电动机的通电方式

(a) A 相通电　　(b) A、B 相通电　　(c) B 相通电　　(d) B、C 相通电

2. D54 步进电机实验装置使用说明

D54 步进电机实验装置由步进电机智能控制箱和实验装置两部分构成。

（1）步进电机智能控制箱

用以控制步进电机的各种运行方式，它的控制功能是由单片机来实现的。通过键盘的操作和不同的显示方式来确定发进电机的运行状况。可适用于三相、四相、五相步进电动机各种运行方式的控制。

因实验装置仅提供三相反应式步进电动机，故控制箱只提供三相步进电动机的驱动电源，面板上也只装有三相步进电动机的绕组接口。

（2）使用说明

① 开启电源开关，面板上的三位数字频率计将显示"000"；由六位 LED 数码管组成的步进电机运行状态显示器自动进入"9999→8888→7777→6666→5555→4444→3333→2222→1111→0000"动态自检过程 j 而后停显在系统的初态"⊣.3"。

② 控制键盘功能说明

设置键：手动单步运行方式和连续运行各方式的选择。

拍数键：单三拍、双三拍、三相六拍等运行方式的选择。

相数键：电机相数（三相、四相、五相）的选择。

转向键：电机正、反转选择。

数位键：预置步数的数据位设置。

数据键：预置步数位的数据设置。

执行键：执行当前运行状态。

复位键：由于意外原因导致系统死机时可按此键，经动态自检过程后返回系统初态。

③ 控制系统试运行　暂不接步进电机绕组，开启电源进入系统初态后，即可进入试运行操作。

单步操作运行：每按一次"执行键"，完成一拍的运行，若连续按执行键，状态显示器的末位将依次循环显示"B—C—A—B…"；由 5 只 LED 发光二极管组成的绕组通电状态指示器的 B、C、A 将依次循环点亮，以示电脉冲的分配规律。

连续运行：按设置键，状态显示器显示"⊣3000"，称此状态为连续运行的初态。此时，可分别操作"拍数"、"转向"和''相数''三个键，以确定步进电机当前所需的运行方式。最后按"执行"键，即可实现连续运释。三个键的具体操作如下（注：在状态显示器显示"┤3000"状态下操作）：

按"拍数"键：状态显示器首位数码管显示在"┤"、"┓"、"┣"之间切换，分别表示三相单拍、三相六拍和三相双三拍运行方式。

按"相数"键：状态显示器的第二位，在"3、4、5"之间切换，分别表示为三相、四相、五相步进电机运行。

按"转向"键：状态显示器的首位在，"┤"与"┠"之间切换，"┤"表示正转，"┠"表示反转。

预置数运行：设定"拍数"、"转向"和"拍数"后，可进行预置数设定，其步骤如下：

操作"数位"键，可使状态显示器逐位显示·"0."出现小数点的位即为选中位。

操作"数据"键，写入该位所需的数字。

根据所需的总步数，分别操作"数位"和"数据"键，将总步数的各位写入显示器的相应位。至此，预置数设定操作结束。

按"执行"键，状态显示器作自动减 1 运算，直减至 0 后，自动返回连续运行的初态。

④ 步进电机转速的调节与电脉冲频率显示　调节面板上的"速度调节"电位器旋钮，即可改变电脉冲的频率，从而改变了步进电机的转速。同时，由频率计显示出输入序列脉冲的频率。

⑤ 脉冲波形观测　在面板上设有序列脉冲和步进电机三相绕组驱动电源的脉冲波形观测一点，分别将各观测点接到录波器的输入端，即可观测到相应的脉冲波形。

经控制系统试运行无误后，即可接入步进电机的实验装置，以完成实验指导书所规定的操作内容。

四、实验操作步骤

1. 步进电机控制实验

按图 8 - 14 所示进行接线。

（1）单步运行状态

接通电源，将控制系统设置于单步运行状态，或复位后，按执行键，步进电机走一步距角，绕组相应的发光管发亮，再不断按执行键，步进电机转子也不断做步进运动。改变电机转向，电机做反向步进运动。

（2）角位移和脉冲数的关系

控制系统接通电源，设置好预置涉数，按执行键，电机运转，观察并记录电机偏转角度，再重设置另一置数值，按执行键，观察并记录电机偏转角度。

（3）空载最高连续工作频率的测定

步进电机空载连续运转后缓慢调节速度调节旋钮使频率提高，仔细观察电机是否不失步，如不失步，则再缓慢提高频率，直至电机能连续运转的最高频率，则该频率为步进电机空载最高连续工作频率。

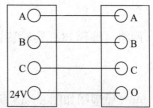

图 8 - 14　步进电机实验接线图

（4）平均转速和脉冲频率的关系

接通电源，将控制系统设置于连续运行状态，再按执行键，电机连续运转，改变速度调节旋钮，测量频率 f 与对应的转速 n，即 $n = f(f)$。

2. 交流电机的变频调速试验

改变通电的频率，观察电机的转速。

五、思 考 题

1. 简述步进电机工作原理。
2. 简述步进电机的调速方法。
3. 简述交流电机的变频调速原理及调速方法。

第七节　车床电器控制电路的模拟实验

一、实 验 目 的

1. 通过实验提高利用所学知识解决实际问题的能力。
2. 通过对 CA6140 电器控制线路的设计和接线，真正掌握机床控制的原理。
3. 掌握电气设备的调试、故障分析和排除的方法。

二、实 验 设 备

电机及电器技术实验装置。

三、实验方法和步骤

1. 利用课余时间查阅资料，了解 CA6140 的电器控制要求。
2. 根据 CA6140 的电器控制要求，设计 CA6140 的电器控制原理图。
3. 根据电器控制原理图进行接线和调试。

第八节　三相异步电机 Y – △ 启动的 PLC 控制实验

一、实 验 目 的

通过实验了解 PLC 的编程方法和外部接线。

二、实 验 设 备

网络可编程 PLC 实验装置。

三、实 验 原 理

电气原理图如图 8 – 15 所示。

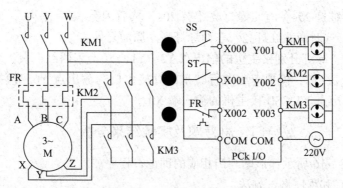

图 8 - 15　电气原理图

四、实　验　步　骤

1. 启动

按启动按钮 SS 后，接触器 KM_1 的线圈得电，1s 后接触器 KM_3 的线圈得电，电机先做 Y 形连接启动；经延时 5s 后，接触器 KM_3 断电，再经 0.5s 后 KM_2 线圈得电，电机接成△运转。

2. 停车

按停止按钮 ST，电动机停止转动。

五、思考题与实验结果分析

1. 根据实验要求，编制梯形图并写出程序。
2. 简述 PLC 的编程方法和外部接线过程。

第九节　十字交通灯的 PLC 控制实验

一、实　验　目　的

1. 通过实验，熟练使用各基本指令。
2. 掌握 PLC 的编程方法和程序调试方法。

二、实　验　设　备

网络可编程 PLC 实验装置。

三、实验要求和步骤

信号灯受一个启动开关控制，当启动开关 SD 接通时，信号灯系统开始工作，且先南北红灯亮，东西绿灯亮。当启动开关断开时，所有信号灯都熄灭。

南北红灯亮维持 25s，在南北红灯亮的同时东西绿灯也亮，并维持 20s。到 20s 时，东西绿灯闪亮，闪亮 3s 后熄灭。在东西绿灯熄灭时，东西黄灯亮，并维持 2s。到 2s 时，东西黄灯熄灭，东西红灯亮，同时，南北红灯熄灭，绿灯亮。

东西红灯亮维持 25s。南北绿灯亮维持 20s，然后闪亮 3s 后熄灭。同时南北黄灯亮，维持 2s 后熄灭，这时南北红灯亮，东西绿灯亮。周而复始。

南北红、黄、绿灯分别接主机的输出点 Y2、Y1、Y0，东西红、黄、绿灯分别接主机的输出点 Y5、Y4、Y3，模拟南北向行驶车的灯接主机的输出点 Y6，模拟东西向行驶车的灯接主机的输出点 Y7；SD 接主机的输入端 X0。

四、思考题及实验结果分析

1. 参考图 8 – 16 所示梯形图写出相应的助记符程序。
2. 总结 PLC 和程序调试方法。

第十节 桥路搭接实验

一、实 验 目 的

1. 通过实验加深了解金属箔式应变片，电桥的工作原理和工作情况。
2. 验证单臂、半桥、全桥的性能及相互之间关系。

二、实 验 仪 器

CSY 系列传感器实验仪。

所需单元和部件：直流稳压电源、差动放大器、电桥、F/V 表、测微头、双平行梁、应变片、主、副电源。

三、实 验 原 理

桥路搭接电路图如图 8 – 17 所示。

四、实 验 步 骤

有关旋钮的初始位置：直流稳压电源打到 ±2V 挡，F/V 表打到 2V 挡，差动放大器增益打到最大。

步骤：

1. 将差动放大器调零后，关闭主、副电源。

2. 按图 8 – 17 接线，图中 $R_4 = R_x$ 为工作片，r 及 W_1 为电桥平衡网络。

3. 调整测微头使双平行梁处于水平位置（目测），将直流稳压电源打到 ±4V 挡。选择适当的放大增益，然后调整电桥平衡电位器 W_1，使表头显示零（需预热几分钟表头才能稳定下来）。

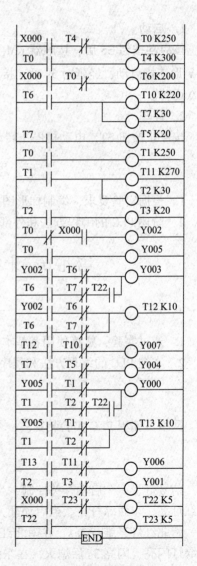

图 8 – 16 梯形图

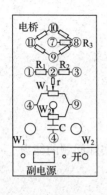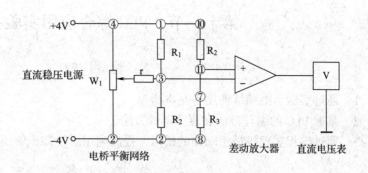

图 8 – 17　桥路搭接电路图

4. 旋转测微头，使梁移动，每隔 0.5mm 读一个数。将测得数值填人下表，然后关闭主、副电源。

位移/mm						
电压/mV						

5. 保持放大器增益不变，将 R_3 固定电阻换为与 R_4 工作状态相反的另一应变片即取二片受力方向不同应变片，形成半桥，调节测微头使梁到水平位置（目测），调节电桥 W_1 使 F/V 表显示为零，重复 4 过程同样测得读数，填入下表。

位移/mm						
电压/mV						

6. 保持差动放大器增益不变，将 R_1，R_2 两个固定电阻换成另两片受力应变片（即 R_1 换成↑，R_2 换成↓），组桥时只要掌握对臂应变片的受力方向相同，邻臂应变片的受力方向相反即可，否相互相抵消没有输出。接成一个直流全桥，调节测微头使梁到水平位置，调节电桥 W_1，同样使 F/V 表显示零。重复 4 过程将读出数据填入下表。

位移/mm						
电压/mV						

注意事项：
（1）换应变片时应将电源关闭。
（2）过程中如有发现电压表发生过载，应将电压量程扩大。
（3）实验中只能将放大器接成差动形式，否则系统不能正常工作。
（4）直流稳压电源 ±4V 不能打得过大，以免损坏应变片或造成严重自热效应。
（5）接全桥时请注意区别各片子的工作状态方向。

五、思考题及实验结果分析

1. 在同一坐标纸上描出 X – V 曲线，比较三种接法的灵敏度。
2. 总结单臂、半桥、全桥的性能及相互之间关系。

第十一节　PLC 综合应用实验

一、实验目的

1. 通过实验，能熟练使用各基本指令。
2. 掌握 PLC 的编程方法和程序调试方法。
3. 通过编程实现机械手动作的模拟，提高利用所学知识解决实际问题的能力。

二、实验设备

网络可编程 PLC 实验装置。

三、实验要求和步骤

机械手将工件由一个地方运送到另一个地方，有 8 个动作，如图 8-18。

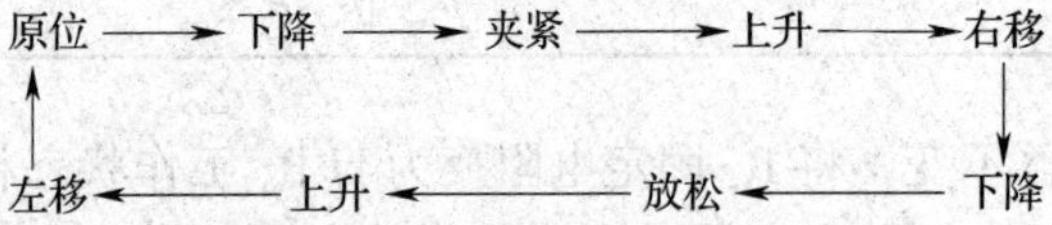

原位 —→ 下降 —→ 夹紧 —→ 上升 —→ 右移

左移 ←— 上升 ←— 放松 ←— 下降

图 8-18　机械手动作流程图

四、思考题及实验结果分析

1. 根据控制要求，设计 PLC 程序和外部接线图。
2. 调试并说明工作过程。

第十二节　单片机 IO 及时钟操作

一、实验目的和要求

1. 学会操作 MSP430F449 的一般端口，了解端口寄存器的组成。
2. 掌握 MSP430F449 的时钟系统。

二、实验原理

通过软件触发 P5.1 口，使 LED4 指示灯闪烁，具体实验电路如图 8-19、图 8-20所示。

通过 FLL + 模块的操作，输出 MCLK、SMCLK、ACLK，LFTX1 接 32.768kHz 晶振。

按默认设置：$MCLK = 1048576Hz$、$SMCLK = 1048576Hz$、$ACLK = 32kHz$、$MCLK = SMCLK = DCO = 32 \times ACLK$、$P1.1 = MCLK$、$P1.4 = SMCLK$、$P1.5 = ACLK$。

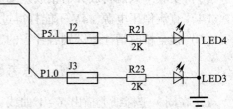

图 8-19　IO 端口实验电路

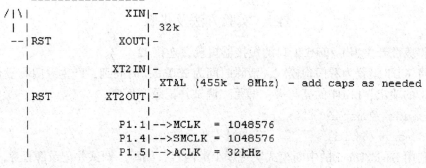

图 8 - 20 时钟实验电路连接示意图

三、实 验 仪 器

1. P430 单片机实验箱。
2. 电脑。
3. 示波器。

四、实验方法及步骤

1. 连接 P5.1 口短接器，J2 短接。
2. 将拨度开关 JP4 和 F449 连接的短接器断开。
3. 编写、调试并记录源程序；用示波器测量 JP4 和 F449 的 P1.1，P1.4，P1.5 连接处的频率变化。

```
#include  "msp430x44x.h"
void main (void)
```

五、思考题及实验结果分析

1. 将 P5.1 的 SEL 设置成 1，结果会怎样？
2. ACLK = 32K，MCKL = DCO，SMCLK = XTAL2，给出源程序。

第十三节 定时器操作

一、实验目的和要求

掌握看门狗定时器、基本定时器的基本原理和应用。

二、实验基本原理

实验电路连接如图 8 - 21 所示。

三、实 验 仪 器

1. MSP430 单片机实验箱。

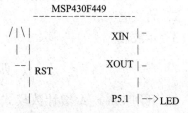

图 8 - 21 看门狗实验电路连接示意图

127

2. 台式电脑。

四、实验方法及步骤

1. 将拨位开关 JP1 和 P5.1 口的短接器短接，连接 J2。

2. 将 WDT 设置为看门狗模式，清除时间为 250ms，时间到，产生看门狗复位，从而控制 P5.1 的输出，LED4 的亮与灭；编写、调试并记录源程序。

```
#include  "msp430x44x.h"
void main (void)
```

3. 利用 Basic Timer 的中断模式实现题 1 的内容，编写、调试并记录源程序。

```
#include  "msp430x44x.h"
void main (void)
```

五、思考题及实验结果分析

把 WDT 设置为定时器模式，编程使 LED4 灯每隔 250ms 亮灭。

第十四节　TimerA 操作

一、实验目的和要求

掌握 TimerA 的 PWM 模式和定时模式。

二、实验基本原理

TimerA 的 PWM 输出原理如图 8-22 所示。

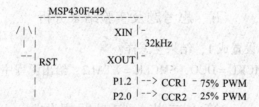

图 8-22　PWM 波输出实验电路连接示意图

三、实　验　仪　器

1. MSP430 单片机实验箱。
2. 台式电脑。
3. 示波器。

四、实验方法及步骤

1. 利用 Timer_A 增计数模式输出 1 种 PWM 波形：P1.2、占空比 75%；ACLK = LFXT1 = 32768，SMCLK = TACLK = MCLKDCO = 32 × ACLK = 1.048MHz；PWM 波周期为

$488\mu s$。

2. 通过示波器来观测 PWM 波形或通过 I/O 口寄存器来观测输出的变化。

3. 编写、调试并记录源程序。

```
#include  "msp430x44x.h"
void main (void)
```

五、思考题及实验结果分析

在 TimerA 中除了 P1.2 输出占空比 75% PWM 波外，还在 P2.0 输出占空比为 25% 的 PWM 波，给出源程序。

第十五节　UART 串行双机通信实验

一、实验目的和要求

1. 掌握电脑与单片机的 UART 通信。

2. 掌握上位机软件 Commix。

二、实验基本原理

1. 本实验是一个基于单片机硬件串行通讯模块与 SP3222E 通讯芯片的通讯实验。实验中通过 9 芯电缆与 PC 机相连。PC 机作为上位机，单片机作为下位机。本实验为一个字节的测试实验，数据从 PC 机发往单片机，单片机接受后，在 LED 上显示。实验中，PC 机的 COM 端口通过 9 芯电缆与单片机的 9 芯接口相连。RS232 电平转换如图 8 – 23 所示。

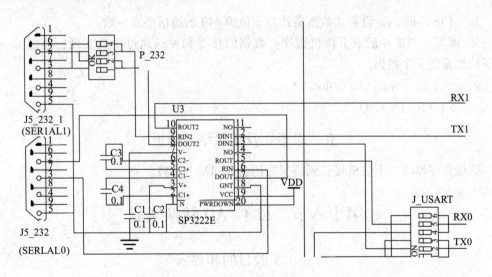

图 8 – 23　RS – 232 电平转换的原理图

2. 当准备工作完后，让单片机处于运行状态，在 COMMIX 界面的发送窗口中输入要发送的一字节数据，单击打开串口按钮，单片机与 PC 机就进行通讯实验了。Commix 的界面如图 8 – 24 所示。

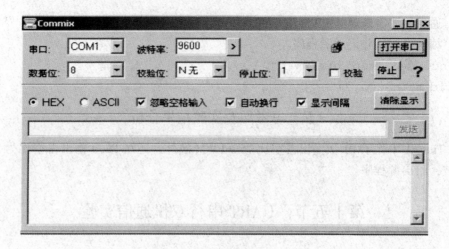

图 8 – 24   Commix 软件界面

三、实 验 仪 器

1. MSP430 单片机实验箱。

2. 台式电脑。

四、实验方法及步骤

1. J_USART1 的 2、5 为 ON 时，就选择了 232 通讯，把 9 芯电缆接 J5_232 与 PC 机相连。

2. 打开 Commix，设置其数据格式与下位机 449 的通信格式一致。

3. 编写、调试并记录下位机程序；数据的接受和发送通过中断实现；通过 Commix 给下位机发送一个数据。

```
#include  "msp430x44x.h"
void main (void)
```

五、思考题及实验结果分析

试把程序修改，下位机接受到数据后还会发回给上位机。

第十六节   12 位 AD 转换实验

一、实验目的和要求

1. 了解 ADC12 的工作原理。

2. 了解 ADC12 结构、特点、功能，会用软件独立配置。

3. 了解 ADC12 的转换控制，中断控制，存储控制寄存器等，会熟练的操作这些寄存器。

二、实验基本原理

AD 采样的电路原理图如图 8 – 25 所示。

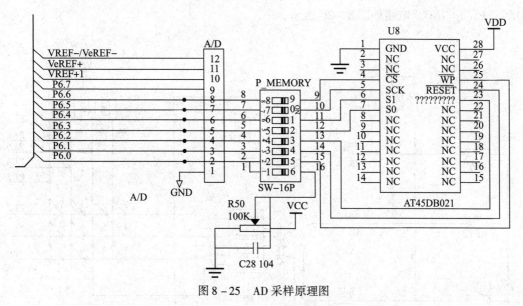

图 8 – 25 AD 采样原理图

三、实 验 仪 器

1. MSP430 单片机实验箱。
2. 台式电脑。

四、实验方法及步骤

1. 通过 A0 通道采集 R50 上的电阻电压，方式为单通道单次采样，采用中断方式，根据电压值的大小，点亮或熄灭 LED4。

2. 把 P_MEMORY 的开关的 1 位拨到 ON，其他为 OFF。

3. 编写、调试并记录源程序，改变 R50 上的电阻值，看 LED4 亮灭的变化。

```
#include  "msp430x44x.h"
void main (void)
```

五、思考题及实验结果分析

修改程序，运用查询方式实现同样功能。

第十七节 键盘和 LED 显示

一、实验目的和要求

1. 掌握独立式键盘用法。
2. 掌握 LED 显示。

二、实验基本原理

1. 键盘电路说明：独立式键盘 INC、DEC、FUN 分布连接：P1.1 = FUN；P1.2 = DEC；P1.3 = INC。电路如图 8 – 26 所示。

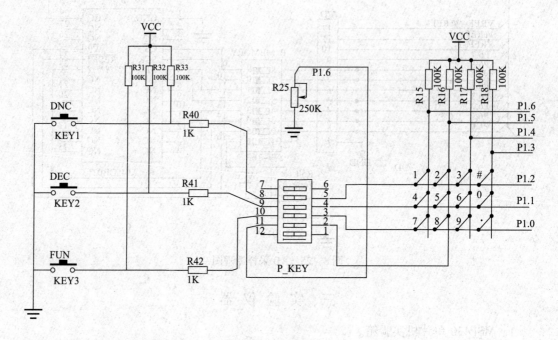

图 8 – 26　键盘电路

2. LED 显示电路说明：LED 的显示代码。

ABCD 段：0xf0，0x60，0xb0，0xf0，0x60，　//'0'~'4'

　　　　　0xd0，0xd0，0x70，0xf0，0xf0　//'5'~'9'

FGE 段：0x05，0x00，0x06，0x02，0x03，　//'0'~'4'

　　　　　0x03，0x07，0x00，0x07，0x03　//'5'~'9'

三、实 验 仪 器

1. MSP430 单片机实验箱。
2. 台式电脑。

四、实验方法及步骤

1. 在键盘的左面，当 DIP 拨动开关 P_KEY 的 P3、P4、P5 拨到 ON 一端。此时，INC、DEC、FUN 构成了独立的按键式键盘。因为 P1 口具有中断能力，故独立按键键盘采用中断模式。

2. 编写、调试并记录源程序；初始化时最右边 3 位 LED 亮显示 '000'，按下 INC 键，显示值自加 1，为 '001'，按下 DEC 键，显示值自减 1，按下 FUN 键，显示值为 '000'，显示值采用 BCD 格式。

```
#include  "msp430x44x.h"
void main (void)
```

五、思考题及实验结果分析

试把程序改成定时扫描（100ms）或循环扫描方法实现同样的功能。

第九章 机械工程测试技术实验

第一节 信号的分解与合成

一、实 验 目 的

1. 谐波分析是将周期函数展开为傅里叶级数，通过本实践环节熟悉常见信号的合成、分解原理，了解信号频谱的含义，加深对傅里叶级数的理解。

2. 认识非正弦周期信号幅频谱的实质，增强感性认识与了解。

3. 认识吉布斯现象，了解吉布斯现象的意义。

二、实 验 原 理

根据傅里叶分析的原理，任意周期信号都可以用一组三角函数 $\{\sin(n\omega_0 t);\ \cos(n\omega_0 t)\}$ 的组合表示，即：

$$x(t) = a_0 + a_1\cos(\omega_0 t) + b_1\sin(\omega_0 t) + a_2\cos(2\omega_0 t) + b_2\sin(2\omega_0 t) + \cdots$$

即可以用一组正弦波和余弦波来合成周期信号。

三、实 验 设 备

频谱分析仪。

四、实 验 步 骤

1. 方波的分解

图 9 – 1 所示方波为一周期方波信号，由傅里叶级数可知，它是由无穷个奇次谐波分量合成的，可以分解为下式及图 9 – 2 所示各次谐波。

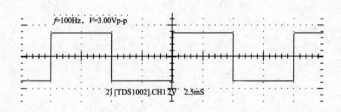

图 9 – 1 方波信号

$$x(t) = \frac{4A}{\pi}\sum_{n=1}^{\infty}\sin(2\pi nf_0 t)\cdot\frac{1}{n},\qquad n = 1,3,5,7,9,\cdots$$

若方波频率为 $f_0 = 100\,\text{Hz}$，幅值为 1.5，画出 $t = 0\text{s}$ 到 $t = 0.1\text{s}$ 这段时间内信号的波形。

（1）画出基波分量 $y(t) = \dfrac{6}{\pi}\sin(\omega_0 t)$，其中 $\omega_0 = 2\pi f_0$。

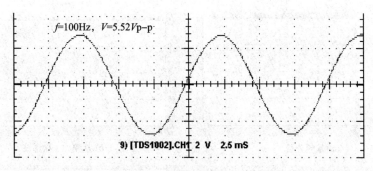

方波基波

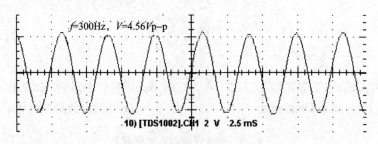

方波三次谐波

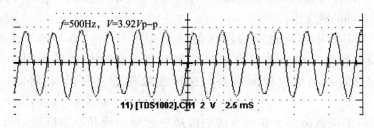

方波五次谐波

图 9 – 2　方波的 1、3、5 次谐波

（2）将 1 次谐波加到基波之上，画出结果，并显示。

$$y\ (t)\ =\frac{6}{\pi}\ \left[\ \sin\ (\omega_0 t)\ +\sin\ (3\omega_0 t)\ /3\right]$$

（3）再将 1 次、3 次、5 次、7 次和 9 次谐波加在一起。

$$y\ (t)\ =\frac{6}{\pi}\ \left[\ \sin\ (\omega_0 t)\ +\sin\ (3\omega_0 t)\ /3+\sin\ (5\omega_0 t)\ /5+\sin\ (7\omega_0 t)\ /7+\sin\ (9\omega_0 t)\ /9\right]$$

（4）合并从基频到 9 次谐波的各奇次谐波分量。

（5）将上述波形分别画在一幅图中，可以看出它们逼近方波的过程。

（6）在频谱分析仪上，观察上述所分析信号的频谱和各次谐波的合成过程。

2. 方波的合成与吉布斯现象及其意义

图 9 – 3 为方波的合成示意图，周期信号傅里叶级数在信号的连续点收敛于该信号，在不连续点收敛于信号左右极限的平均值。如果我们用有限项傅里叶级数来近似周期信

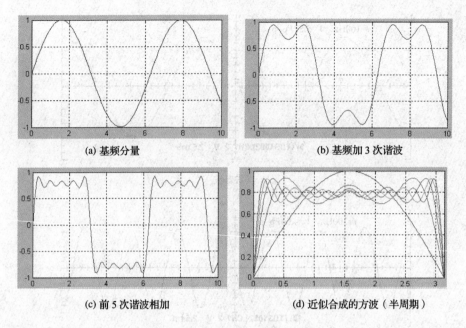

(a) 基频分量　　　　　　　　　　　(b) 基频加 3 次谐波

(c) 前 5 次谐波相加　　　　　　　(d) 近似合成的方波（半周期）

图 9－3　方波合成与吉布斯现象

号，在不连续点附近将会出现起伏和超量。信号的低频分量主要影响脉冲的顶部，其高频分量主要影响脉冲的跳变沿。

实际上，将具有不连续点的周期函数（如矩形脉冲）进行傅立叶级数展开后，当选取有限项进行合成时，是以有限项傅里叶级数去近似代替无限项傅里叶级数，这样在不连续点附近会引起较大误差。这种现象称为吉布斯（Gibbs）效应。其特点是：

（1）当选取的项数越多，在所合成的波形中出现的峰起越靠近原信号的不连续点，合成波形越接近原波形。

（2）在所合成的波形中，波形顶部逐渐平坦，而跳变峰逐渐向间断点靠近。

（3）当选取的项数很大时，跳变峰所包面积趋于零，跳变峰高度趋于一个常数，大约等于间断点处幅值的 9%。

吉布斯现象给人们一个启示：当从时阈观察一个信号时，从波形变化的缓急程度就可以看出所包含的频率成分，即变化平缓的信号其频带窄，变化越快则频带越宽。在信号分析技术中，吉布斯现象是研究滤波器及窗函数的数学基础。

五、思考题及实验结果分析

1. 图 9－4 信号周期波形幅值为 10、频率 100Hz，计算各次谐波系数，写出三角函数形式的傅里叶级数展开式。

2. 画出各次谐波曲线，然后合成原周期信号（使用软件不限），对比谐波项数不同时，合成波形的差异，画出合成波形的曲线图。

3. 结合实验结果，分析吉布斯现象及其意义。

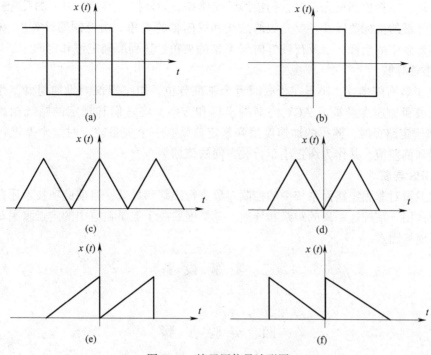

图 9 − 4　练习用信号波形图

第二节　传感器应用实例

一、实 验 目 的

在网上查找传感器应用和测试技术应用的例子，加深对测试技术在机械工程实践中的直观认识和了解。

二、实 验 原 理

下面以自动导引运输车（AGV）为例，对此次实践环节做具体说明。

导引控制技术是 AGV 的核心技术，采用不同的导引方式就形成了各种形式的 AGV。

1. 电磁导引

在 AGV 要行驶的路线地下，预先埋设好导引线。当给导引线通以一定频率的交流电流后，在导引线周围产生交变电磁场。AGV 上的探测线圈就能够检测此电磁场并使 AGV 沿着导引线方向运动。当探测线圈偏离导引线时，两个线圈中的感应电压就有差异，车载控制系统就能根据电压差驱动转向电机，使 AGV 回到正确的路径上。

2. 磁条导引

这种方式和电磁导引比较类似，只是把导引线换成磁条，在两个探测线圈之外多加了两个激励线圈。因为磁条的磁场是不变的，探测线圈中不能自动感应出电压。

3. 激光导引

在 AGV 行驶路径周围预先垂直设置好一系列反光板，AGV 上装的激光扫描器不断扫描周围环境，当扫描到反光板时，扫描器就能感知。只要扫描到三个以上的反光板，就可以根据反光板的坐标值以及各反光板的法线和纵向轴的夹角，由控制器计算出 AGV 当前的全局坐标系中的坐标，以及行驶方向与 X 轴的夹角，达到准确定位和定向。

4. 惯性导航

AGV 上装有陀螺仪，小车在行驶时有个基准方位，用陀螺仪测量加速度，并将陀螺仪的坐标值和加速度换算成 AGV 当前的坐标和方向，将它们和规定的路线相比较。当 AGV 偏离规定路径时，测得的加速度值和规定值就有一个矢量差，对这个差进行二次积分就能得到偏差值，并作为纠正小车行驶方向的依据。

5. GPS 导航

通过卫星对非固定路面系统中的控制对象进行跟踪和导航，目前此项技术还在发展和完善，通常用于室外远距离的跟踪和导航，其精度取决于卫星在空中的定点水平及控制对象周围环境等因素。

三、实 验 设 备

无

四、实 验 步 骤

1. 概述

AGV（*Automated Guided Vehicle* 自动导引运输车）是指装备有电磁或光学等自动导引装置，能够沿规定的导引路径行驶，具有安全保护以及各种运载功能的车辆，其系统模型如图 9-5 所示。AGV 属于轮式移动机器人（WMR—Wheeled Mobile Robot）的范畴，模块化设计（图 9-6），一般以电池或非接触能量传输系统——CPS（*Contactless Power System*）为动力。AGV 装有非接触导航/导引装置，可实现无人驾驶的运输作业。它的主要功能表现为能在计算机监控下，按路径规划和作业要求，精确地行走并停靠到指定地点，完成一系列作业功能。

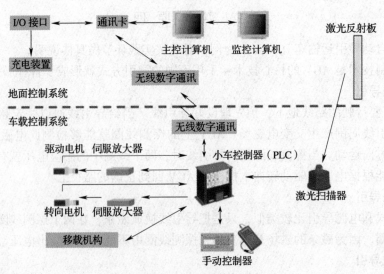

图 9-5 AGV 系统模型

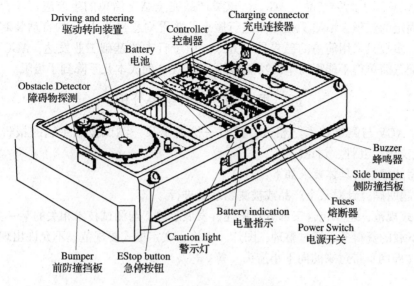

图 9 - 6　AGV 的模块化结构

2. 发展趋势

目前，国内外 AGV 有两种发展模式：全自动模式和简易模式。

全自动 AGV 技术以欧美国家为代表。这类技术追求 AGV 的自动化，几乎完全不需要人工的干预，路径规划和生产流程复杂多变，能够运用在几乎所有的搬运场合。这些 AGV 功能完善，技术先进；同时为了能够采用模块化设计，降低设计成本，提高批量生产的标准，欧美的 AGV 放弃了对外观造型的追求，采用大部件组装的形式进行生产；系列产品的覆盖面广：各种驱动模式、各种导引方式、各种移载机构应有尽有，系列产品的载重量可从 50kg 到 60000kg（60t）。尽管如此，由于技术和功能的限制，此类 AGV 的销售价格仍然居高不下。此类产品在国内有为数不多的企业可以生产，技术水平与国际水平相当。

简易型 AGV 技术以日本为代表。简易 AGV 其实只能称为 AGC（*Automated Guided Cart* 自动导引货车），如图 9 - 7 所示。该技术追求的是简单实用，极力让用户在最短的时间内收回投资成本，这类 AGV 在日本和台湾企业应用十分广泛。从数量上看，日本生产

图 9 - 7　AGC 产品

的大多数 AGV 属于此类产品（AGC）。该类产品完全结合简单的生产应用场合，如单一的路径，固定的流程，AGC 只是用来进行搬运，并不刻意强调 AGC 的自动装卸功能。在导引方面，多数只采用简易的磁带导引方式。由于日本的基础工业发达，AGC 生产企业能够为其配置简单得不能再简单的功能器件，使 AGC 的成本几乎降到了极限。

五、思考题及实验结果分析

仿照"AGV 与测试技术"格式，撰写一份关于某一测试技术主题的报告，并制作 PPT，课上交流、互评、讨论。

所撰写的报告，具体要求如下：

1. 主题明确，针对某个产品或被测物理量进行。

2. 形式规范，至少包含三部分：概述、发展趋势、与测试技术相关的某一主题论述。

网上下载的资料务必经过整理，图片、表格、文字格式要规范，不允许出现背景、手动换行符（即网页带过来的向下小箭头）等。

第三节　直　流　电　桥

一、实　验　目　的

1. 观察了解箔式应变片的结构及粘贴方式。

2. 测试应变梁变形的应变输出。

3. 熟悉传感器常用参数的计算方法。

二、实　验　原　理

将实验部件用实验线连接成测试单臂桥路，然后利用金属箔电阻应变片传感器进行单臂电桥灵敏度测量。

三、实　验　仪　器

直流稳压电源 ±4V，金属箔式电阻应变片、直流平衡电位器 W_1，平行式单臂悬臂梁、测微头、差动放大器直流电源开关、差动放大器和数字电压表。

四、实　验　步　骤

1. 熟悉各部件配置、功能、使用方法、操作注意事项等。

2. 开启仪器及放大器电源，放大器输出调零（输入端对地短路，输出端接电压表，增益旋钮顺时针方向轻旋到底；调到最大位置，旋转调零旋钮使输出为零）。

3. 调零后电位器位置不要变化，并关闭仪器电源。

4. 按图 9-8 将实验部件用实验线连接成测试单臂桥路。桥路中 R_1，R_2，R_3 为电桥中固定电阻，W_1 为直流平衡调节电位器，R_x 为工作臂应变片（受力符号↕），直流激励电源为 ±4V。将测微头装于悬臂梁前端的永久磁钢上，并调节使应变梁处于基本水平状态。

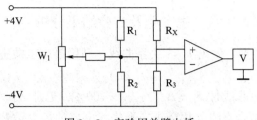

图9-8 实验用单臂电桥

5. 确认接线无误后开启仪器及放大器电源，同时预热数分钟。调整电桥 W_1 电位器，使测试系统输出为零。

6. 旋动测微头，带动悬臂梁分别作向上和向下的运动，以水平状态下输出电压为零，向上和向下移动各2.5mm，测微头每移动0.5mm记录一个放大器输出电压值，并填入表9-1中。

7. 利用最小二乘法计算单臂电桥电压输出灵敏度 S，$S = \Delta V / \Delta x$，并做出 $V - x$ 关系曲线。

五、注 意 事 项

1. 实验前应检查实验接插线是否完好，连接电路时应尽量使用较短的接插线，以避免引入干扰。

2. 接插线插入插孔时轻轻地做一小角度的转动，以保证接触良好，拔出时也轻轻地转动一下拔出，切忌用力拉扯接插线尾部，以免造成内部导线断裂。

3. 稳压电源不能对地短路。

4. 应变片接入电桥时注意其受力方向，要接成差动形式。

5. 直流激励电压不能过大，以免造成应变片自然损坏。

表9-1   **实验记录表格**

位移 x/mm　　　电压 V/mV	-2.5	-2	-1.5	-1	-0.5	0.5	1	1.5	2	2.5
1										
2										
3										
4										
5										
6										
7										
8										
9										
10										
11										
12										

六、思考题及实验结果分析

1. 根据表中所测数据，做出 $V-x$ 关系曲线，利用最小二乘法计算单臂电桥电压输出灵敏度 S，$S=\Delta V/\Delta x$。

2. 分析测量结果的非线性 $\delta_L=\Delta_{max}/y_{F.S}\times100\%$，迟滞 $\delta_H=\pm\Delta H_{max}/y_{F.S}\times100\%$。式中，$\Delta_{max}$ 为输出值与拟合直线（用最小二乘法找出）的最大偏差，$y_{F.S}$ 为满量程输出平均值。

第四节 转矩转速的多传感器测量

一、实 验 目 的

1. 了解扭矩传感器、光纤传感器、霍尔传感器的工作原理、分类、应用场合等。
2. 掌握计算机数据采集后数据处理方法。
3. 掌握测试技术中测量结果的表示方法，即测量结果 = 样本平均值 ± 不确定度。

二、实 验 原 理

1. 光纤传感器

利用光纤技术和光学原理，将感受的被测量转换成可用输出信号的传感器。光纤传感器的基本工作原理是将来自光源的光经过光纤送入调制器，使待测参数与进入调制区的光相互作用后，导致光的光学性质（如光的强度、波长、频率、相位、偏正态等）发生变化，称为被调制的信号光，在经过光纤送入光探测器，经解调后，获得被测参数。

（1）光纤传感器的分类：一类是功能型（传感型）传感器；另一类是非功能型（传光型）传感器。

功能型传感器是利用光纤本身的特性把光纤作为敏感元件，被测量对光纤内传输的光进行调制，使传输的光的强度、相位、频率或偏振态等特性发生变化，再通过对被调制过的信号进行解调，从而得出被测信号。光纤在其中不仅是导光媒质，而且也是敏感元件，光在光纤内受被测量调制，多采用多模光纤。典型应用有光纤陀螺、光纤水听器等。

非功能型传感器是利用其它敏感元件感受被测量的变化，光纤仅作为信息的传输介质，常采用单模光纤。光纤在其中仅起导光作用，光照在光纤型敏感元件上受被测量调制。

（2）光纤传感器的特点

① 灵敏度较高。
② 几何形状具有多方面的适应性，可以制成任意形状的光纤传感器。
③ 可以制造传感各种不同物理信息（声、磁、温度、旋转等）的器件。
④ 可以用于高压、电气噪声、高温、腐蚀、或其他的恶劣环境。
⑤ 具有与光纤遥测技术的内在相容性。

（3）光纤传感器的应用

主要应用在压力、温度、加速度、陀螺、位移、液面、转矩、光声、电流和应变等物理量的测量，还可以完成现有测量技术难以完成的测量任务。在狭小的空间里，在强电磁干扰和高电压的环境里，光纤传感器都显示出了独特的能力。

2. 扭矩传感器

扭矩传感器分为动态和静态两大类，其中动态扭矩传感器又可叫做转矩传感器、转矩转速传感器、非接触扭矩传感器、旋转扭矩传感器等，主要形式如图9-9所示。利用扭矩传感器对各种旋转或非旋转机械进行扭矩测试是比较成熟的检测手段。它具有精度高、频响快、可靠性好、寿命长等优点。将专用的测扭应变片用应变胶粘贴在被测弹性轴上，并组成应变桥，若向应变桥提供工作电源即可测试该弹性轴受扭的电信号。将该应变信号放大后，经过压/频转换，变成与扭应变成正比的频率信号。其特点是：

图9-9　扭矩传感器主要形式

（1）信号输出可任意选择波形——方波或脉冲波。

（2）检测精度高、稳定性好、抗干扰性强。

（3）不需反复调零即可连续测量正反扭矩。

（4）既可测量静止扭矩，也可测量动态扭矩。

扭矩传感器连接在动力设备、负载设备之间，基本的安装方式如图9-10所示。

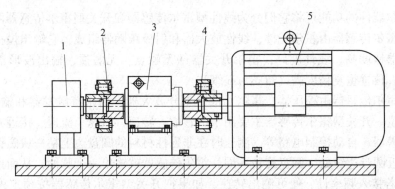

图9-10　扭矩传感器安装的基本形式

1—负载设备　2—联轴器　3—扭矩传感器　4—联轴器　5—动力设备

机械部件上对扭转力矩感知的检测。扭矩传感器将扭力的物理变化转换成精确的电信号。

扭矩传感器是一种测量各种扭矩、转速及机械功率的精密测量仪器。应用范围十分广泛，主要用于：

（1）电动机、发动机、内燃机等旋转动力设备输出扭矩及功率的检测。

（2）风机、水泵、齿轮箱、扭力扳手的扭矩及功率的检测。

（3）铁路机车、汽车、拖拉机、飞机、船舶、矿山机械的扭矩及功率的检测。

（4）可用于污水处理系统中的扭矩及功率的检测。

（5）可用于制造黏度计。

3. 霍尔传感器

霍尔传感器是根据霍尔效应制作的一种磁场传感器，其测量原理如图 9 – 11 所示。霍尔效应在半导体薄片两端通以控制电流 i，并在薄片的垂直方向施加磁感应强度为 B 的匀强磁场，则在垂直于电流和磁场的方向上，将产生电势差为 VH 的霍尔电动势。根据霍尔效应，用半导体材料制成的元件叫霍尔元件。它具有对磁场敏感、结构简单、体积小、重量轻、频率响应宽、输出电压变化大和使用寿命长、耐振动、不怕灰尘、油污、水汽及盐雾等的污染或腐蚀等优点，因此，在测量、自动化、计算机和信息技术等领域得到广泛的应用。

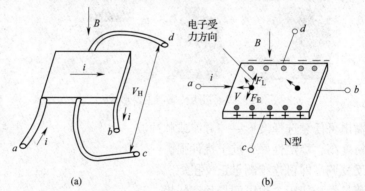

图 9 – 11　霍尔元件及霍尔效应原理
（a）霍尔元件　（b）霍尔效应原理

按照霍尔器件的功能可将它们分为线性型霍尔传感器和开关型霍尔传感器两种。

线性型霍尔传感器由霍尔元件、线性放大器和射极跟随器组成，它输出模拟量。线性型霍尔传感器精度高、线性度好；霍尔开关器件无触点、无磨损、输出波形清晰、无抖动、无回跳、位置重复精度高（可达 μm 级）。

开关型霍尔传感器由稳压器、霍尔元件、差分放大器，斯密特触发器和输出级组成，它输出数字量。开关型霍尔传感器主要用于测转数、转速、风速、流速、接近开关、关门告知器、报警器、自动控制电路等。测速时在非磁性材料的圆盘边上粘一块磁钢，霍尔传感器放在靠近圆盘边缘处，圆盘旋转一周，霍尔传感器就输出一个脉冲，从而可测出转数（计数器），若接入频率计，便可测出转速。如果把开关型霍尔传感器按预定位置有规律地布置在轨道上，当装在运动车辆上的永磁体经过它时，可以从测量电路上测得脉冲信号。根据脉冲信号的分布可以测出车辆的运动速度。

三、实 验 仪 器

研祥工控机、研祥数据采集卡 PCI – 32ADT，扭矩传感器 TB – 1000/CHB，伺服电机及其驱动器 ASDA – B2，光纤传感器 FS – V11（基恩士 KEYENCE）及放大器，霍尔传感器。

四、实 验 步 骤

1. 检查连好的实验线路，注意人身安全和设备安全，实验系统如图 9 – 12 所示。

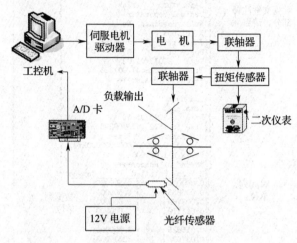

图 9 – 12   实验系统框图

2. 开启工控机，伺服电机通电，传感器通电预热 10 ~ 20min。

3. 驱动伺服电机，观察扭矩传感器仪表读数。

4. 光纤传感器或霍尔传感器调整测量位置。

5. 在计算机中运行 Labview 采集程序（图 9 – 13），设置通道号和增益值，观察传感器波形并同时进行数据采集，采集时间大约 20s。

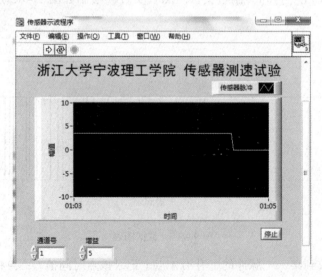

图 9 – 13   Labview 软件数据采集界面

6. 数据采集后进行实验数据处理。

数据处理过程：

（1）用记事本打开"测量文件. lvm"文件，删除头注释文本，如图9-14所示。

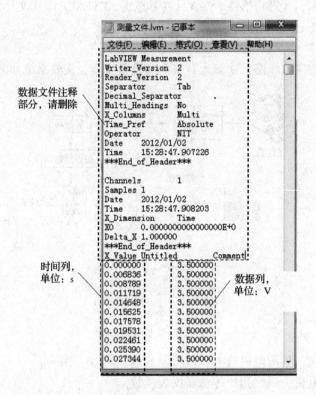

图9-14 "测量文件. lvm"文件格式

（2）删除文件注释头后，将其另存为"测量文件. txt"文件。

（3）进入EXCLE，打开"测量文件. txt"文件，绘制如图9-15所示的"散点图"图表。

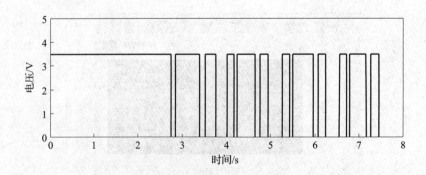

图9-15 数据图表

（4）将鼠标放到某一个脉冲的上升沿 A 点上记录该点时间值 t_1，再将鼠标放到相隔 m 个脉冲的上升沿 B 点，记录该点的时间值 t_2（图9-16）。

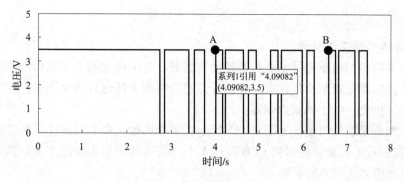

图 9 – 16　数据提取

（5）按照公式 $v = \dfrac{60 \cdot m}{43 \cdot (t_2 - t_1)}$ 计算减速器输出转速值（r/min）。

改变脉冲间隔数 n，重复上述（4）、（5）步骤。

取多个计算结果的平均值 $\bar{v}$ 作为最终测量结果的均值。

计算测量结果的不确定度

$$\hat{\sigma}_{\bar{v}} = \frac{s}{\sqrt{n}} = \sqrt{\frac{\sum_{i=1}^{n} (v_i - \bar{v})^2}{n-1}} / \sqrt{n} \qquad n \text{ 为测量次数，本实验中 } n = 5。$$

本实验中，测量结果 = 样本平均值 ± 不确定度，即 $v = \bar{v} \pm \hat{\sigma}_{\bar{v}}$。

五、思考题及实验结果分析

根据采样数据脉冲图，填写表 9 – 2（保留两位小数）。

表 9 – 2　　　　　　　　　　　　　　数据记录与处理表格

测量次数	脉冲间隔数（m）	时间 t_1 /s	时间 t_2 /s	速度 v /（r/min）	速度均值 $\bar{v}$/（r/min）	不确定度 $\hat{\sigma}_{\bar{v}}$/（r/min）	测量结果 v/（r/min）
1	9						
2	12						
3	15						
4	18						
5	21						

第五节　激光传感器测量数控机床精度

一、实 验 目 的

1. 了解激光传感器的工作原理、分类、应用场合等。

2. 了解数控机床主轴端面跳动等几何精度检测方法。

3. 认识数控机床重复定位精度等运动精度检测方法。

二、实 验 原 理

1. 激光传感器工作原理

激光传感器是利用激光技术进行测量的传感器。它由激光器、激光检测器和测量电路组成。激光传感器是新型测量仪表，它的优点是能实现无接触远距离测量，速度快，精度高，量程大，抗光、电干扰能力强等。

测量原理是光学三角法，如图9-17所示。半导体激光器1被镜片2聚焦到被测物体6，反射光被镜片3收集，投射到CCD阵列4上；信号处理器5通过三角函数计算阵列4上的光点位置得到距物体的距离。

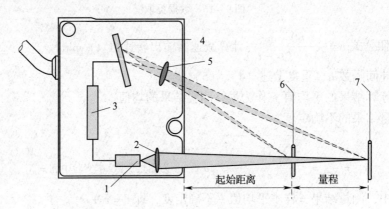

图9-17 光学三角法测量原理

1—半导体激光器 2—镜片 3—信号处理器 4—线性CCD阵列

5—镜片 6—被测物体a 7—被测物体b

激光器按工作物质可分为4种：

（1）固体激光器 常用的有红宝石激光器、YAG激光器和钕玻璃激光器等。它们的结构大致相同，钕玻璃激光器是目前脉冲输出功率最高的器件（数十兆瓦）。

（2）气体激光器 常用的有二氧化碳激光器、氦氖激光器和一氧化碳激光器，其形状如普通放电管，特点是输出稳定，单色性好，寿命长，但功率较小。

（3）液体激光器 它又可分为螯合物激光器、无机液体激光器和有机染料激光器。其中最重要的是有机染料激光器，它的最大特点是波长连续可调。

（4）半导体激光器 较成熟的是砷化镓激光器。特点是效率高、体积小、重量轻、结构简单，适宜用在飞机、军舰、坦克上以及步兵随身携带。可制成测距仪和瞄准器，但输出功率较小、定向性较差、受环境温度影响较大。

2. 激光传感器的应用领域

（1）激光测长 长度的精密测量是精密机械制造工业和光学加工工业的关键技术之一。现代长度计量多是利用光波的干涉现象来进行的，其精度主要取决于光的单色性的好坏。激光是最理想的光源，它比以往最好的单色光源（氪-86灯）还纯10万倍。因此激光测长的量程大、精度高。一般测量数米之内的长度，其精度可达0.1μm。

（2）激光测距 激光具有高方向性、高单色性和高功率等优点，这些对于测远距离、判定目标方位、提高接收系统的信噪比、保证测量精度等都是很关键的，因此激光测距仪日益受到重视。在激光测距仪基础上发展起来的激光雷达不仅能测距，而且还可以测目标方位、运动速度和加速度等，已成功地用于人造卫星的测距和跟踪。例如采用红宝石激光器的激光雷达，测距范围为 500～2000km，误差仅几米。目前常采用红宝石激光器、钕玻璃激光器、二氧化碳激光器以及砷化镓激光器作为激光测距仪的光源。

（3）激光测厚　双激光位移传感器测厚时，保证测量准确性的条件是：两个传感器发射光束必须同轴，两个传感器扫描必须同步。同轴靠安装实现，同步靠选择有同步端的激光传感器实现。激光测厚的优点是测量光斑非常小，比面积型非接触电容、电涡流传感器需要的面积小很多，对被测体面积几乎无要求，适合测量非常小面积尺寸厚度；测量范围起始间距较远，比非接触电容、电涡流传感器起始间距大很多，传感器可以远离被测体，免受碰坏，及被测体热辐射影响；测量范围大，这是其他传感器很难做到的；与被测体材料无关，即金属、非金属体，非透明有漫反射条件表面都能测。

（4）激光测振　利用激光进行非接触式测量，可以记录被测体在振动过程中的运动轨迹，实现对振动幅值、频率的测量。激光测振使用激光射线方式，可以在很大距离范围内测量处在各种位置的工件，不受距离、空间、湿度的影响。测量的结果可以通过软件数据处理，直接和振动烈度标准、频率标准进行对比判读，大大方便测量工作人员作业。

3. 五轴数控机床及其精度指标

五轴数控加工中心机床布局的代表形式主要有 3 种（图 9－18），分别为工作台上有两个回转轴的工作台回转式，主轴上有两个回转轴的龙门式和主轴、工作台各有一个回转轴的混合式。

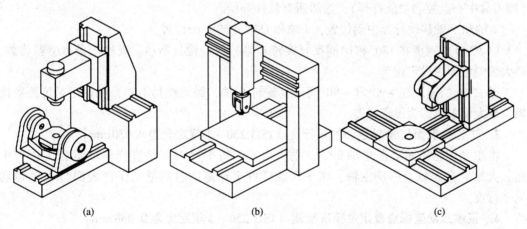

图 9－18　五轴数控加工中心布局形式
（a）工作台回转式　（b）龙门式　（c）混合式

本次实验机床在意大利 FIDIA D165RT 上进行，属于工作台回转式机床，各轴定义如图 9－19 所示。D165RT 机床精度检验，按照 ISO 230－1：1996 和 ISO 10791－2：2001《机床检测通则》进行，检测内容主要包括几何精度、定位精度和切削精度，包括工作台面水平度、与 XY 轴运动平行度，各运动轴垂直度，Z 轴在 XZ、YZ 面内直线度，主轴端面跳动和锥孔径向偏差，主轴轴线和 Z 轴移动在 YZ、XZ 面的平行度，A、C 轴旋转时原点跟随误差以及直线运动坐标的定位精度、重复定位精度等 33 项指标。常用的检测工具及仪器有精密水平仪、90°尺、精密方尺、平尺、平行光管、千分表、测微仪、高精度主轴心棒等。使用的检测工具、仪器精度必须比所测的几何精度要高一个等级。

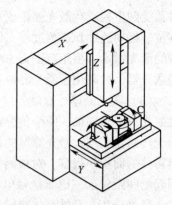

三、实验仪器

激光位移传感器（最小分辨率 0.2μm）及其二次仪表、直流电源、可调支座、D165RT 五坐标高速数控铣床、数显千分表（百分表）。

四、实验步骤

图 9 - 19　机床五坐标示意图

1. 主轴端面跳动检测（ISO 230 - 1 规定精度允差为 0.005mm）

将激光传感器固定在工作台夹具上，接好直流电源和二次仪表，使光斑打在主轴端面上，根据光斑形状及大小调整光束角度，直到光斑最小最亮，准备测量。

用手缓慢转动主轴，观察二次仪表并读数，最大值和最小值的差值就是主轴端面跳动度误差，记录测量结果。

2. C 轴旋转中心的设定误差检测（ISO 230 - 1 规定允差 0.015mm）

将手动检棒装夹在主轴上，激光传感器在夹具上固定为水平出光方式，距离主轴端部 100mm，调好光斑大小。

在机床数控面板上将 RTCP（Rotational Tool Center Point，旋转刀具中心）设置为 ON（即刀具中心点控制功能打开），激活所有软件补偿。

X 轴和 Y 轴移动行程中间位置，A 轴和 C 轴旋转到 0°位置。

以 F300 的速度在 180°和 0°间反复旋转 C 轴，保持检具不动，观察记录传感器读数，最大偏差值即为设定误差。

以 F300 的速度在 +90°和 -90°间反复旋转 C 轴，保持检具不动，观察记录传感器读数，最大偏差值即为设定误差。

3. 工作台表面与 X 轴运动的平行度（ISO 230 - 1 规定允差 0.030mm）

将激光传感器固定在主轴头上，垂直出光，将平尺或高精度样件放置在工作台中间，大致对齐 X 轴。移动主轴，在平尺或样件全长范围内测量工作台表面与 X 轴运动的平行度。

4. 直线运动坐标重复定位精度检测（ISO 230 - 2 规定允差 0.008mm）

将激光传感器固定在工作台夹具上，水平出光。先将 Y 坐标调整至行程中间位置，测量 X 方向的重复定位精度。测量所走路径如图 9 - 20 所示。

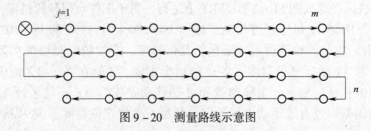

图 9 - 20　测量路线示意图

在 X 坐标行程上选取 5 个测点作为目标位置 P_j，快速移动运动部件，分别对各目标位置从正、负两个方向进行 5 次定位，测出正负每次定位时，运动部件实际到达的位置 P_{ij} 与目标位置 P_j 之差（$P_{ij} - P_j$），及位置偏差 X_{ij}。

计算出在坐标全程的各目标位置上，正、负向定位时的平均位置偏差 X_j 和标准偏差 S_j，误差 R 以所有 $6S_j$ 的最大值计，即 $R = 6S_j$。

同法测量 Y 轴的重复定位精度。

五、思考题及实验结果分析

根据激光传感器测得的几项测试数据，填写表 9 – 3 和表 9 – 4，给出机床精度评价结果（合格与否），并画出三维误差曲面（任意 3D 软件均可）。

表 9 – 3　　　　　　　　　　**几何精度检测实验数据记录表**

检测项目	测试次数					检测结果
	1	2	3	4	5	
主轴端面跳动						
C 轴旋转中心误差						
工作台表面与 X 轴运动的平行度						

表 9 – 4　　　　　　　　　　**重复定位精度检测实验数据记录表**

数据记录		X 轴坐标				
		– 200	– 100	0	100	200
Y 轴坐标	– 200					
	– 100					
	0					
	100					
	200					

第十章　机械综合创新实验

第一节　机构运动创新实验

一、实 验 目 的

1. 加深对机构组成原理的认识，进一步了解机构组成及其运动特性。
2. 训练工程实践动手能力。
3. 培养创新意识及综合设计能力。

二、实验设备及工具

1. 机构运动创新方案实验台。
2. 可供在实验台上实现各种设计方案的各种零件及组件。
3. 六角扳手、活动扳手、卷尺等。

三、实 验 原 理

任何机构都是由自由度为零的若干杆组依次连接到原动件（或已经形成的简单机构）和机架上的方法所组成。根据预定的系统要求，完成机构系统方案，初步设计后，利用该装置提供的零件或组件，在实验台上实现自己的设计方案，并用减速电机驱动运行，以检验方案的合理性与可行性。

1. 杆组的概念

任何机构中都包含原动件、机架和从动件系统三部分。由于机架的自由度为零，一般每个原动件的自由度为1，而平面机构具有确定运动的条件是机构的原动件数目与机构的自由度数目相等，所以，从动件系统的自由度必然为零。机构的从动件一般还可以进一步分解成若干个不可再分的自由度为零的构件组合，这种组合成为基本杆组。

对于只含低副的平面机构，若杆组中有 n 个活动构件、p_L 个低副，因杆组自由度为零，故有

$$2n - 3p_L = 0 \text{ 或 } p_L = \frac{3}{2}n$$

为保证 n 和 p_L 均为整数，n 只能取 2，4，6，…等偶数。根据 n 的取值不同，杆组可分为以下情况。

（1）两个构件和三个低副构成的杆组称Ⅱ级组，如图10-1所示。

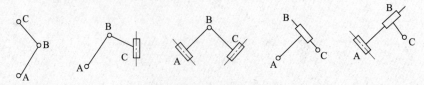

图 10-1　Ⅱ级杆组

152

（2）四个构件和六个低副组成的杆组称Ⅲ级组，如图 10 - 2 所示。

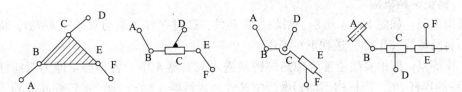

图 10 - 2　Ⅲ级杆组

2.　机构的组成原理

任何平面机构均可以用若干个基本杆组依次联接到原动件和机架上去的方法来组成。这是本实验的基本原理。

3.　正确拆分杆组

（1）先去掉机构中的局部自由度和虚约束，有时还要将高副加以低代。

（2）计算机构的自由度，确定原动件。

（3）从远离原动件的一端先试拆分Ⅱ级杆组，若拆不出Ⅱ级组时，再试拆Ⅲ级组，即由最低级别向高一级杆组依次拆分，最后剩下原动件和机架。

四、实 验 步 骤

（1）根据实验设备及工具的内容介绍，熟悉实验设备的硬件组成及零件的功用。

（2）自拟机构运动方案或选择实验指导书中提供的运动方案为拼装实验内容。

（3）将所选定的机构运动方案根据机构组成原理按杆组进行正确拆分，并用图示之。

（4）拼装机构运动方案，从举例中选择一个。

五、举 例 说 明

1.　自动车床送料机构

结构说明：如图 10 - 3 所示，自动车床送料机构由平底直动从动件盘状凸轮机构与连杆机构组成。当凸轮转动时，推动杆 5 往复移动，通过连杆 4 与摆杆 3 及滑块 2 带动从动件 1（推料杆）作周期性往复直线运动。

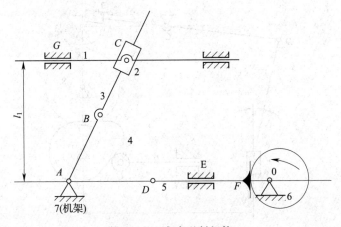

图 10 - 3　车床送料机构

工作特点：一般凸轮为主动件，能实现较复杂的运动规律。

2. 铸锭送料机构

结构说明：如图 10-4 所示，滑块为主动件，通过连杆 2 驱动双摇杆 *ABCD*，将从加热炉出料的铸锭（工件）送到下一工序。

工作特点：图中实线位置为加热炉铸锭进入装料器 4 中，装料器 4 即为双摇杆机构 *ABCD* 中的连杆 *BC*，当机构运动到虚线位置时，装料器 4 翻转 180°把铸锭卸放到下一工序的位置。实际应用如加热炉出料设备、加工机械的上料设备等。

3. 转动导杆与凸轮放大升程机构

结构说明：如图 10-5 所示，曲柄 1 为主动件，凸轮 3 和导杆 2 固联。

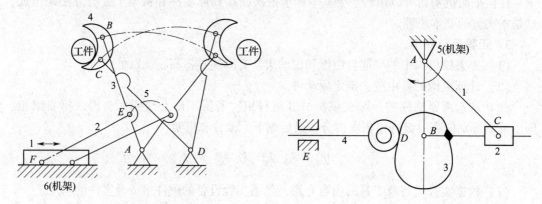

图 10-4 铸锭送料机构 　　　图 10-5 放大升程机构

工作特点：当曲柄 1 从图示位置顺时针转过 90°时，导杆和凸轮一起转过 180°。图 10-5 所示机构常用于凸轮升程较大，而升程角受到某些因素的限制不能太大的情况。该机构制造安装简单，工作性能可靠。

4. 冲压送料机构

结构说明：如图 10-6 所示，1—2—3—4—5—9 组成导杆摇杆滑块冲压机构，由 1—8—7—6—9 组成齿轮凸轮送料机构。冲压机构是在导杆机构的基础上，串联一个摇杆滑块机构组合而成的。

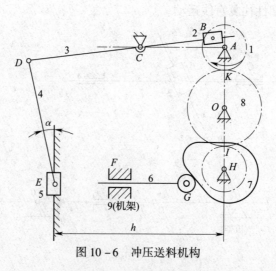

图 10-6 冲压送料机构

工作特点：导杆机构按给定的行程速度变化系数设计，它和摇杆滑块机构组合可达到工作段接近于匀速的要求。适当选择导路位置，可使工作段压力角 α 较小。按机构运动循环图确定凸轮工作角和从动件运动规律，则机构可在预定时间将工件送至待加工位置。

5. 插床的插削机构

结构说明：图 10 – 7 所示，在 ABC 摆动导杆机构的摆杆 BC 反向延长的 D 点上加二级杆组连杆 4 和滑块 5，成为六杆机构。在滑块 5 固接插刀，该机构可作为插床的插削机构。

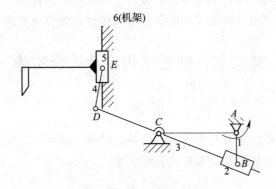

图 10 – 7　插削机构

工作特点：主动曲柄 AB 匀速转动，滑块 5 在垂直 AC 的导路上往复移动，具有较大急回特性。改变 ED 连杆的长度，滑块 5 可获得不同的运动规律。

6. 曲柄滑块机构与齿轮齿条机构的组合

结构说明：图 10 – 8 所示机构由偏置曲柄滑块与齿轮齿条机构串联组合而成，其中下齿条为固定齿条，上齿条作往复移动。

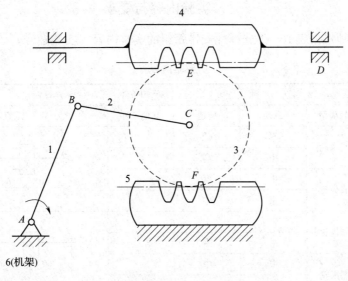

图 10 – 8　组合机构

工作特点：此组合机构最重要的特点是上齿条的行程比齿轮 3 的铰接中心点 C 的行程大一倍。此外，由于齿轮中心 C 的轨迹对于点 A 偏置，所以上齿条和往复运动有急回特性。

当主动件曲柄 1 转动时，通过连杆 2 推动齿轮 3 与上、下齿条啮合传动。下齿条 5 固定，上齿条 4 作往复移动，齿条移动行程 $H = 4R$（R 为齿轮 3 的半径），故采用此种机构可实现行程放大。

六、思 考 题

1. 何为机构创新方案？
2. 你设计或选择的机构系统方案在实验台上组装后是否合理？
3. 你设计的方案可用几种形式来组装，最后能否达到设计要求？

第二节 轴系结构设计综合实验

一、实 验 目 的

1. 熟悉并掌握轴系结构设计中有关轴的结构设计、轴承组合设计的基本方法。
2. 了解轴的加工工艺和轴上零件的装配工艺。

二、实 验 设 备

1. 组合式轴系结构设计分析实验箱

实验箱提供能进行减速器圆柱齿轮轴系、小圆锥齿轮轴系及蜗杆轴系结构设计实验的全套零件。

2. 测量及绘图工具

300mm 钢板尺、游标卡尺、内外卡钳、铅笔、三角板等（自备）。

三、实 验 内 容 与 要 求

1. 指导老师根据表 10 – 1 选择性安排每组的实验内容（实验题号）。

表 10 – 1　　　　　　　　　　　实验内容

实验题号	已知条件				
	齿轮类型	载荷	转速	其他条件	示意图
1	小直齿轮	轻	低		
2		中	高		
3	大直齿轮	中	低		
4		重	中		
5	小斜齿轮	轻	中		
6		中	高		
7	大斜齿轮	中	中		
8		重	低		

续表

实验题号	已知条件				
	齿轮类型	载荷	转速	其他条件	示意图
9	小锥齿轮	轻	低	锥齿轮轴	70　82　30
10		中	高	锥齿轮与轴分开	
11	蜗杆	轻	低	发热量小	L
12		重	中	发热量大	

2. 进行轴的结构设计与滚动轴承装置的组合设计。

每组学生根据实验题号（如 1、3、5、8 等）的要求，进行轴系结构设计，解决轴承类型选择、轴上零件的固定和拆装、轴承间隙的调整、润滑与密封等问题。

3. 绘制轴承装置结构装配图。

4. 每人编写实验报告一份。

四、实 验 步 骤

1. 明确实验内容，理解设计要求。

2. 复习有关轴承装置设计的内容与方法（参看教材有关章节）。

3. 构思轴系结构方案

① 根据齿轮类型选择滚动轴承型号。

② 确定支承轴向固定方式（两端固定；一端固定、一端游动）。

③ 根据齿轮圆周速度（高、中、低）确定轴承润滑方式（脂润滑、油润滑）。

④ 选择端盖形式（凸缘式、嵌入式）并考虑透盖处密封方式（毡圈、皮碗、油沟）。

⑤ 考虑轴上零件的定位与固定，轴承间隙调整等问题。

⑥ 绘制轴系结构方案示意图。

4. 组装轴系部件

根据轴系结构方案，从实验箱中选取合适零件并组装成轴系部件，检查所设计组装的轴系结构是否正确。

5. 绘制轴承装置结构草图。

6. 测量零件结构尺寸（箱体零件不用测量），并作好记录。

7. 将所有零件放入实验箱内的规定位置，交还所借工具。

五、实验结果分析

1. 根据结构草图及测量数据，在 A3 图纸上用 1:1 比例绘制轴系结构装配图，要求装配关系表达正确，注明必要尺寸（如支承跨距、齿轮直径与宽度、主要配合尺寸），填写标题栏和明细表。

2. 轴系结构分析说明：说明轴上零件的定位、固定方式，滚动轴承的安装、调整、润滑与密封方法。

第三节　机电液自动生产线系统综合实验

一、实 验 目 的

通过对机电液自动生产线的调试和运行，掌握 PLC、电机、液压气动元件、传感器、常用机构及传动等知识的综合应用，了解和掌握自动流水线各工位的基本组成、结构原理及工业应用等。

二、实 验 设 备

机电液自动流水线，包括上料单元、下料单元、加盖单元、穿销单元、模拟单元、伸缩换向单元、检测单元、液压单元、分拣单元、废料单元、升降梯立体仓库单元。另外还包含了一些可选择性的辅助单元——各类转角单元、各类直线单元等，每个单元完成特定的工作，所有单元功能集成于一体，完成工业生产自动化生产线上的各种加工装配操作和分拣入库过程。控制系统中还配备了相应的编程软件和监控软件。

三、实验内容与要求

1. PLC 综合运用

（1）认识 PLC 的外形，了解其安装方法（包括各模块之间的连接要求，及整体部件的安装要求），供电的差异，I/O 点的接线方法。

（2）在装有 S7-200 系列 PLC 的各个单元，及装有 S7-300 系列 PLC 的总站单元进行基本指令的编程练习。了解编程软件 Step7 microWin 的编程环境，软件的使用方法。

（3）掌握 PROFIBUS 总线原理，观察 S7-200 PLC 的总线模块（EM277），S7-300 PLC 的 DP 接口，及各个 DP 接头的设置情况。

（4）通过上料单元的操作，特别训练在实验前编写梯形图和助记符程序；在程序运行的时候，利用软件进行监控，注意每一个输出动作产生的条件，中间寄存器、定时器等各种元件的工作方式；控制 PLC 的脉冲输出，使步进电机完成相应动作。

（5）通过模拟单元的操作，特别训练模拟量输入、输出模块与外部元器件的连接方法；掌握如何调用模拟量输入值及根据要求给出模拟量输出值，并进行 PID 控制训练。通过检测单元的操作，特别训练堆栈指令的使用。

（6）通过液压单元的操作，特别训练使用高速脉冲指令，掌握串口通讯的设置方法，及数据传输（指与工业触摸屏的连接）。

通过升降梯立体仓库单元的操作，特别训练输入模块上各个点与输入地址的对应关系；控制 PLC 的脉冲输出，使步进电机及伺服电机完成相应动作；掌握串口通讯的设置、数据接收。通过废料单元的操作，掌握变频器的参数设置及其控制字。

2. 电机综合应用

通过无刷直流电机在数控加工单元中的应用；混合式步进电机在数控、上料、立体仓库单元中的应用；伺服电机在码垛机中的应用；蜗轮蜗杆减速电机在下料、加盖单元中的应用；二级行星齿轮系减速直流电机在码垛机货叉中的应用；及普通直流电机在各站传输线中的应用，使学生清楚地了解各类电机的特点和区别，以及在不同的情况下根据各类电机的性能、功率等参数选用不同的电机配合多种机械结构实现传动效果。还可以通过系统操作学习伺服和步进电机驱动器的使用及脉冲控制等多种电机控制方式，使学生在一套系统中能够掌握多种类别电机的原理及功能。

3．液压气动综合应用

（1）认识空气压缩机各部分名称、功能，掌握调节气体压力的大小的方法。观察各个单元中气动元件的外形构造（如双作用直筒气缸、摆动气缸、导向驱动装置、真空发生器、截流阀等），对气动元件产生感性认识；掌握部件名称、功能、使用环境及条件；了解其安装方法及要求。观察并调试气动元件的传感器，了解磁性接近开关的原理。学习调节截流阀、截止阀等组件流量及开关的方法，观察气动元件主体状态及作用原理。掌握PLC与气动组件之间的连接关系，练习用PLC读取传感器的检测信号，及输出信号到电磁阀。掌握各种气动元件在各单元中与机械部分的连接、作用及传动特点。

（2）训练由液压基本元件组织的基本回路动作实验。掌握由行程开关控制电磁换向阀的自动往复换向回路的基本原理。认识电液比例控制器并学习其原理。学习节流阀在液压系统中的调速原理。掌握利用人机界面调节流量和压力来控制系统动作。

4．传感器的综合应用

掌握电感式传感器的检测功能、工作原理、特点、使用环境及条件。掌握电容式传感器的检测功能、工作原理、特点、使用环境及条件。掌握对射式与反射式传感器的区别及它们与PLC常开、常闭触点的配合使用方法。掌握光纤传感器的工作原理、特性，并能正确设定传感器来满足不同检测要求。掌握色差传感器的检测功能、使用环境及条件。掌握可见光与非可见光传感器的区别及应用。掌握压力和流量传感器与PLC相应模块的连接，并能利用压力和流量传感器的数据控制整个液压系统。

5．变频器的综合应用

变频器的总线控制实验；变频器与PLC的USS通信实验；变频器的直接IO控制实验；变频器的矢量控制实验。

6．机构的综合应用

掌握各类机构的综合应用。

参 考 文 献

［1］郑甲红，机械原理［M］. 北京：机械工业出版社，2006.

［2］沈萌红，机械设计［M］. 武汉：华中科技大学出版社，2012.

［3］濮良贵等，机械设计（第8版）［M］. 北京：高等教育出版社，2006.

［4］朱聘和等，机械原理与机械设计实验指导［M］. 杭州：浙江大学出版社，2010.

［5］管伯良等，机械基础实验［M］. 上海：东华大学出版社，2005.

［6］黄健求，机械制造技术基础（第2版）［M］. 北京：机械工业出版社，2011.

［7］尹明富. 机械制造技术基础实验［M］. 武汉：华中科技大学出版社，2008.

［8］侯放. 机床夹具图册［M］. 北京：中国劳动保障出版社，2007.

［9］吴拓. 简明机床夹具设计手册［M］. 北京：化学工业出版社，2010.

［10］陈宏均. 实用机械加工工艺手册［M］. 北京：机械工业出版社，1996.

［11］楼应侯，孙树礼，卢桂萍等主编. 互换性与技术测量［M］. 武汉：华中科技大学出版社，2012.

［12］吴拓. 现代机床夹具典型结构图册［M］. 北京：化学工业出版社，2011.

［13］卢桂萍，李平. 互换性与技术测量实验指导书［M］. 武汉：华中科技大学工业出版社，2012.

［14］重庆大学精密测试实验室. 互换性与技术测量实验指导书（第2版）［M］. 北京：中国计量出版社，2011.

［15］甘永立. 几何量公差与检测实验指导书（第6版）［M］. 上海：上海科学技术出版社，2010.

［16］李兵，黄方平，液压与气压传动［M］. 武汉：华中科技大学出版社，2012.

［17］冯清秀，邓星钟，机电传动控制［M］. 武汉：华中科技大学出版社，2011.

［18］宋伟刚，罗忠，机械电子工程实验教程［M］. 北京：冶金工业出版社，2009.

［19］熊诗波，黄长艺. 机械工程测试技术基础（第3版）［M］. 北京：北京机械工业出版社，2011.